超圖解 網路安全入門

從基本觀念、網路攻擊手法到資安防護，一本全掌握！

大久保隆夫／著　　陳識中／譯

前言

　　網際網路從1990年代開始迅速普及，如今已成為現代人生活中不可缺少的重要基礎建設。資訊網路就和水電與瓦斯一樣，已經是我們日常生活中不能沒有的必需品。平時幾乎不用手機看社群網路、不跟親朋好友聯絡聊天、不上網購物……像上述這樣不使用資通訊功能的人，近年應該非常少見了。而網路雖然為我們的生活帶來莫大的便利性，卻也讓我們**暴露在網路攻擊的風險之下**。

　　聽到網路安全四個字，可能很多人都會以為那是專家懂就好的東西。然而，其實所有使用網路的人隨時都暴露在遭受網路攻擊的風險中。而本書正是為了那些並非專家的普通人，也就是**平時會用手機刷社群網路、工作或唸書時會用到電腦，這些極其普通的一般人士**所寫，書中統整了**所有人都應該知道，有助於降低遭到網路攻擊風險的知識**。

　　說到最廣為人知的網路安全對策，相信很多人腦中都會浮現「不要使用簡單的詞語當作密碼或使用重複的密碼」、「隨時讓作業系統（OS）保持在最新版本」等常識。然而，對於「駭客具體是如何破解密碼，大概需要多少時間破解」、「為什麼作業系統廠商會定期發布更新，不更新的話又會遇到何種危險」等更進一步的問題，能夠答得出來的人卻不多。如果可以搞懂這些更深一層的問題，就能更好地保護自己。

　　在本書中，首先會介紹我們的日常生活有哪些必須防範的網路攻擊，以及它們實際上造成了哪些損害，接著會解說防範這類攻擊的安全策略與代表性的技術。但本書的最終目的終究只是**幫助一般的網路使用者獲得充足的知識**，如果你想獲得的是有助於通過檢定考試的進階安全知識，建議可以參考更進階的書籍。

相反地，如果你是想要學習資安知識來提升自身的資訊素養，或是任職於公司的網路安全部門卻不知道該怎麼對一般員工講解網路安全知識，那麼本書就非常適合你。另外，本書也很適合剛擁有第一支智慧型手機或第一台電腦的學生族，以及他們的家長。

現實中發生的網路犯罪和資訊洩漏事件，其中固然有一部分是由複雜的駭客程式引起，但更多的案例其實是由普通人或一般員工不起眼的小失誤或習慣所導致。**只要每個人都稍微提高資安意識或改變網路使用習慣，就可以避免大部分的資安事故**。希望你在讀完本書後，也能重新檢視自己生活中的資安對策，並加以落實。

從本書可學到的事
- 對一般網路使用者而言充足夠用的網路安全知識
- 盡可能讓網路攻擊者無機可乘的方法和網路安全觀念
- 網路安全的基本術語和技術概要

本書的目標讀者
- 日常生活中會使用智慧型手機的學生、社會人士
- 會在學校或公司使用電腦的學生、社會人士
- 想要到IT公司就職或想轉行到IT公司的人
- 負責對一般員工講解資安知識的資訊部門員工
- 需要教導孩子如何安全使用智慧型手機或平板電腦的家長、教職人員
- 曾經讀過其他網路安全的入門書籍，但因為內容太難懂而放棄的人

本書的結構
- Chapter 1　為什麼需要網路安全？
- Chapter 2　認識網路攻擊的手法
- Chapter 3　網路安全的基本觀念
- Chapter 4　認識保護資訊的技術
- Chapter 5　認識網路攻擊的原理

在Chapter 1中，我們會介紹典型的網路攻擊被害案例。在Chapter 2中，我們會深入淺出地講解網路攻擊是如何進行的，以及攻擊者常用的手法。在Chapter 3中，我們會說明「網路安全」的定義，以及基本的觀念。在Chapter 4中，我們會介紹實現安全狀態的具體技術，例如加密等技術的原理。最後在Chapter 5中，我們會介紹幾個典型的網路攻擊手法，講解其原理和防禦它們的方法。

CONTENTS

Chapter 1 為什麼需要網路安全?

1. 現代人的生活與網路空間相連 2
2. 透過網路盜走銀行存款 4
3. 綁架資料勒索贖金 6
4. 顧客的個資外洩 8
5. 攻擊公共運輸機構 10
6. 網路商店被癱瘓 12
7. 心臟節律器被人操控 14

專欄 1　遠距辦公的安全對策 16

Chapter 2 認識網路攻擊的手法

- ⑧ 攻擊的第一步是欺騙 ... 18
- ⑨ 典型的手法① 社交工程 ... 20
- ⑩ 典型的手法② 釣魚 ... 24
- ⑪ 典型的手法③ 惡意軟體 ... 26
- ⑫ 什麼是駭入？ ... 30
- ⑬ 什麼是漏洞？ ... 32
  - 專欄│2 感染惡意軟體會發生什麼事？ ... 35
- ⑭ 利用漏洞進行的攻擊 ... 36
- ⑮ 支撐著網際網路的協定 ... 38
- ⑯ TCP/IP 帶來的好處與壞處 ... 42
  - 專欄│3 如何挑選防毒軟體 ... 44

Chapter 3 網路安全的基本觀念

- 17 資訊安全與網路安全 …… 46
- 18 CIA＝機密性、完整性、可用性 …… 50
- 19 機密性 …… 52
- 20 完整性 …… 54
- 21 可用性 …… 56
- 22 什麼是驗證？ …… 58
- 23 驗證的種類 …… 60
- 24 驗證與授權的差異 …… 63
- 25 授權（存取控制）的種類 …… 65
- 26 什麼是加密？ …… 68
- 27 什麼是監控？ …… 70
  - 專欄 4　網路安全的各種資格證照 …… 73
- 28 偵測攻擊並加以阻斷的系統 …… 74
- 29 管理組織與人 …… 76
- 30 法律與制度的制約 …… 78
- 31 什麼是最小權限原則？ …… 80
- 32 多層防禦與多重防禦 …… 82
- 33 分析威脅 …… 84
- 34 光藏起來並不安全 …… 87

Chapter 4 認識保護資訊的技術

- ㉟ 我們的通訊都有加密保護 …… 90
- ㊱ 現代加密的原理 …… 92
- ㊲ 各種加密的種類 …… 94
- ㊳ 密文永遠都不會被破解嗎？ …… 96
- ㊴ 防止外部篡改的設備 …… 98
- ㊵ 絕對可信的原初基點 …… 100
- ㊶ 什麼是安全作業系統？ …… 102
- ㊷ 用於找出漏洞的測試 …… 104
  - 專欄│5 個人資訊與特定個人資訊 …… 107
- ㊸ 黑箱測試的手法 …… 108
- ㊹ 找找看有無沒上鎖的入口 …… 110
- ㊺ 偵測惡意檔案 …… 114
- ㊻ 偵測來自網路的攻擊 …… 116
  - 專欄│6 網路的構造與防禦系統 …… 118

Chapter 5 認識網路攻擊的原理

- **47** 大家都在淘汰密碼驗證 120
- **48** 暴力破解 122
  - 專欄 7 為什麼變更密碼這麼麻煩？ 125
- **49** 字典攻擊 126
- **50** 撞庫攻擊 128
- **51** DoS攻擊與DDoS攻擊 130
- **52** DDoS攻擊的對策 134
- **53** 什麼是注入攻擊？ 136
  - 專欄 8 等「有需要再學」就太遲的理由 139
- **54** 資料庫與OS用的語言 140
- **55** 注入攻擊的原理 142
- **56** 注入攻擊的對策 144
- **57** 記憶體的運作原理 146
- **58** 緩衝區溢位① 異常中止 148
- **59** 緩衝區溢位② 改寫位址 150
- **60** 緩衝區溢位的對策 152

結語 154
INDEX 161

Chapter

1

為什麼需要網路安全？

一般人常以為網路安全只有專家需要懂，但其實對一般人而言，網路安全並非毫無關係的知識。在本章中，我們會先解釋為什麼一般網路使用者也應該具備網路安全的知識，接著再介紹那些與你我切身相關的被害案例。

應該學習網路安全的理由　　　　　　　　網際網路　IoT

現代人的生活與網路空間相連

在現代社會，我們周遭的各種事物都與**網際網路**（Internet）相連著。西元2000年以後出生的人可能很難想像，以前要是想查資料就必須上圖書館，不知道路怎麼走時只能去派出所問路，也沒有任何方法可以即時聯絡到外出的人。

然而在現代，這些事情只要一支智慧型手機就能全部辦到。不僅如此，各種家電、汽車，甚至是電網和自來水等社會基礎建設，也都開始連上網路。

這些機器或系統可以利用網際網路即時地分享資訊，或是透過網路來進行遠端控制。這種將我們生活中的各種事物都連上網路

的資訊系統，就稱為 **IoT**（**Internet of Things，物聯網**）。

IoT已經是一種相當普及常見的技術，日漸融入我們的生活，就連一些大家平常沒注意到的東西可能也是IoT的一部分。而且不只是肉眼可見的產品，就連肉眼不可見的系統和能源等也都開始連上網路，讓這個世界變得愈來愈方便。

然而很遺憾的是，這世間的萬物都有兩面性。機器和系統連上網路，就意味著可以從網路上的任何地方與這些機器或是系統通訊。換句話說，**惡意人士有可能透過網路攻擊這些設備**，而且**現實中也已經出現這樣的案例**。近幾年針對電力和自來水設備的網路攻擊就一度成為新聞焦點，而這些都是社會基礎設施連上網路之前不曾發生過的事件。

既然我們生活中的各種事物都如此依賴網路，那所有人就都跟網路安全脫不了關係。你可能會以為「維護網路安全不是專家的工作嗎？」但即使是為了消遣或工作而使用手機或電腦（PC）的一般人，也應該了解網路安全的知識，才能保護自己、家人，以及公司的資產。

本書的內容主要在解說有助於各位讀者保護自身的網路安全知識。首先，為了讓大家認識**為什麼網路安全這麼重要**，下面先來看看幾個**實際發生過的被害和攻擊案例**吧。

網路攻擊的切身損害　　　　　　　　　　　網路攻擊　釣魚

透過網路盜走銀行存款

　　惡意的第三方透過網路對他人造成損害的行為，就稱為**網路攻擊**。與我們切身相關的網路攻擊案例之一，便是**透過網路駭入非法盜取銀行存款**。

　　網路銀行（線上銀行）就是透過網路提供金融交易服務的銀行。只要登入銀行的網頁，便能確認自己帳戶的存款餘額，或是進行匯款或匯兌。

　　隨著網路銀行普及，現在紙本存摺逐漸遭到淘汰，愈來愈多銀行只提供電子存摺。客戶不用親自跑到銀行的櫃檯或ATM也能辦理各種手續，是一套非常便利的系統。

　　然而，網路銀行雖然方便，卻也是**網路攻擊者**（以下簡稱**攻擊**

者）眼中的絕佳標的。舉例來說，近年日本便頻頻發生「明明沒有進行匯款，戶頭裡的錢卻在不知不覺間被匯給陌生帳戶」的案例。

2021年，日本發生數起透過NTT docomo電子支付服務「docomo帳戶」非法盜取存款的事件，受害的總金額約1800萬日圓。

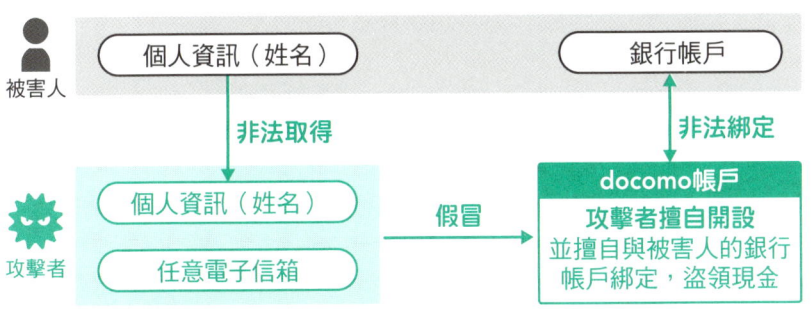

▲ docomo帳戶非法盜領事件的概要

在這起案件中，攻擊者先非法取得了被害人的個人資料，接著再利用被害人的姓名開設docomo帳戶，然後與被害人的銀行帳戶綁定連結。

至於為什麼攻擊者可以做到這件事，這是因為docomo帳戶只要有本人的姓名和電子信箱就能申請，不需要確認本人的身分。換句話說，**申請者可以未經本人允許，冒用他人名義開戶**。攻擊者便是利用這種申請機制，非法將被害人銀行帳戶的錢轉移到自己的docomo帳戶中。

網路銀行的攻擊事件，主要是透過<u>釣魚</u>這種詐欺手法進行。關於釣魚的手法，我們會在 ⑩ 中詳細解說。

網路攻擊的切身損害　　　　　　　　勒索軟體　WannaCry

綁架資料勒索贖金

網路世界也跟現實世界一樣,存在著「綁架人質要求贖金」的犯罪。那便是**勒索軟體**（Ransomware）的攻擊。Ransom便是「贖金」的意思。

勒索軟體不綁架人,而是**用資料或電腦當作人質**（物質）。代表性的例子就是2017年時,一度在全球流竄的**WannaCry**病毒。這個勒索軟體感染了全球超過150個國家、23萬台的電腦,造成了嚴重的問題。

電腦一旦被勒索軟體感染,就會跳出如右頁插圖的畫面。畫面上除了「你電腦中的檔案已被加密」的警告文字外,還會顯示「如果你希望取回檔案,就將現金或比特幣匯入以下帳戶」。

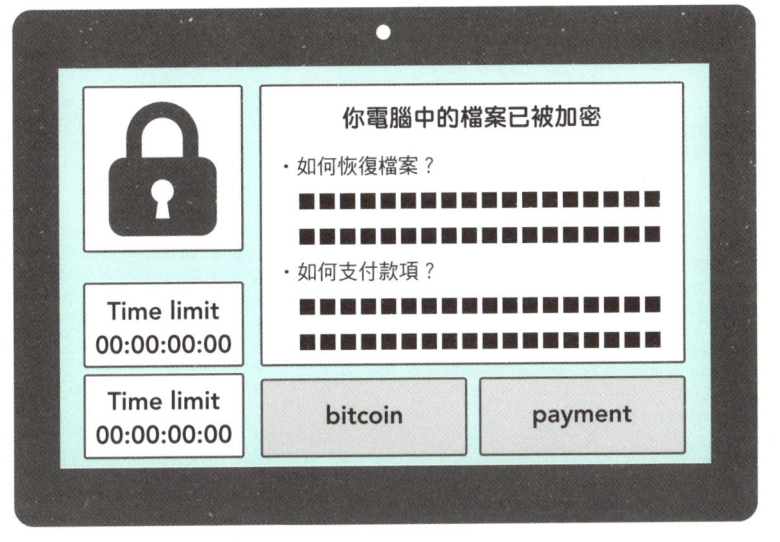

▲ 感染勒索軟體的電腦畫面範例

要防止電腦感染勒索軟體,就必須落實「**不輕易點開陌生電子郵件中的附加檔案**」和「**不啟用巨集**[※1]」等對策。同時,為了預防萬一真的遭到感染,平時還應該**定期備份重要資料**。只要做好備份,就算檔案損壞了也能隨時復原。

勒索軟體通常會要求支付贖金來復原檔案,但本書建議不要同意攻擊者的要求。萬一遇到攻擊,在台灣可以向法務部調查局或內政部刑事警察局「勒索軟體報案專用窗口」報案;在香港可以到香港警務處官網電子報案中心的「舉報科技罪案及騙案」報案。

- **台灣法務部調查局** service@mjib.gov.tw
- **台灣刑事警察局** cib.noransom@cib.npa.gov.tw
- **香港警務處** www.police.gov.hk/ppp_tc

勒索軟體仍然在不斷進化當中,直到今天對我們而言依然是一個巨大的威脅。

※1 巨集(Macro)是Word和Excel等軟體中,將複雜處理過程自動化的功能。該功能預設為關閉的狀態。

網路攻擊的切身損害　　　　個資外洩　不當的管理體制

顧客的個資外洩

在網路商店購物時，通常需要先註冊會員。註冊時只要預先登錄住址、姓名、信用卡號等個人資訊，下次購物時就能直接套用，不用重新輸入，非常方便。

很多服務都會收集並保管顧客的個人資訊。然而，有時這些資料會因為網路攻擊而外洩，對顧客造成**信用卡遭人盜用**等損害。

2021年，Facebook公司（現改名Meta）承認自家有超過5億5000萬名使用者的個人資料外洩。該公司解釋背後原因是Facebook提供的某個功能遭到濫用，令攻擊者可以利用此功能取

得第三者的資訊。

這類「可以被攻擊者利用的系統缺陷」，一般就稱為**漏洞**（**Vulnerability**）。從Facebook的這起案例便能得知，由於攻擊者會利用軟體或系統的漏洞來發動攻擊，因此要強化資訊安全就必須盡可能消除軟體或系統的漏洞。關於漏洞的部分，本書會在⑬中詳細說明。

個人資料的外洩通常是因為針對漏洞的攻擊，以及我們會在⑨中介紹的社交工程等導致。但要注意的是，有**非常多的個資外洩案例都是沒有做好適當的資訊管理所致**，甚至比網路攻擊導致的案例更多。

舉例來說，日本常常發生因為把裝有筆記或電子設備的包包忘在電車上，才導致資料被拿走而外洩的案例。還有，直接用便條紙寫上密碼後貼在電子設備上，這種不當管理導致第三者侵入系統的例子也層出不窮。

▲ 丟失儲存裝置或密碼的不當管理導致資料外洩

日本的《個人資料保護法》規定，「事業者必須適當管理顧客的個人資料」。萬一顧客的個資外洩，將有可能違反《個人資料保護法》，顧客也有權利要求該公司賠償損失。

網路攻擊的切身損害　　　　　　　　　　　駭入　勒索軟體

攻擊公共運輸機構

在影集或電影中，有時會看到「公車、電車、汽車等交通工具遭人駭入，奪走控制權」的橋段。這種事情在現實中真的有可能辦到嗎？

所幸，直到2023年為止，現實社會中還沒有發生過這種案例。然而，國外曾有鐵路公司遭到網路攻擊，並確實造成了損害。

舉例來說，2016年美國舊金山城市鐵路的**車站設備和售票機就曾感染勒索軟體，導致售票機停擺**，只好暫時讓乘客**免費搭乘**的事件。攻擊者向舊金山交通局要求7萬3000美元的贖金，但舊金山市政府拒絕支付。

除了這起案件之外，2017年德國和日本的鐵路公司（JR東日本）也都發生過電腦被WannaCry（參照③）感染的事件。當時WannaCry不只攻擊鐵路公司，也同時攻擊了各種不同的組織，向每名受害者勒索約300美元左右的贖金。在JR東日本的案例中，該公司發現設置在車站內**供民眾上網查詢的電腦遭到感染**，但是由於該電腦沒有連接到車輛運行等所使用的網路，因此對運行沒有造成影響。

不只是鐵路，汽車也有可能受到攻擊。在國際資訊安全會議[※2]上，許多專家們都展示了透過有線或無線網路，**利用車載系統的漏洞奪取車輛控制權**的可能性。在重現駭入過程的影片中，可以看到駭客成功奪取了汽車的方向盤，駕駛明明沒有碰觸方向盤，車子也能向左或向右轉。一旦汽車的方向盤和油門的控制權遭到奪取，駕駛將沒辦法自由控制車子，可能會偏離車道或突然加減速，很可能引發交通事故。

由此可見，一旦有心人士對運輸機構發動網路攻擊，不只普通人上班或上學等日常生活會受到影響，**還可能造成人身事故等物理性的損害**。

截至2023年為止，還沒有傳出網路攻擊對運輸機構造成物理性損害的報告。此外，鐵路等系統的運行網路也沒有與外網連接，所以很難進行網路攻擊。

話雖如此，我們仍無法斷言這種事情未來絕對不會發生。因此平時就要收集資安的相關訊息，思考身邊可能會發生哪些事故，這點也變得更加重要。

1 為什麼需要網路安全？

※2　白帽駭客（參照⑫）們公開市售產品尚未被人發現的漏洞調查結果的會議。較知名的有在美國舉行的國際資訊安全會議（DEFCON）和黑帽大會（Black Hat）。

網路攻擊的切身損害　　　　　　　DoS攻擊　伺服器

6 網路商店被癱瘓

如今的時代，不只是書籍，就連生活用品和各種家電也都可以在網路上購買。而且還可以直接在手機上下訂，快的話隔天就能送達。包含網路購物在內的各種網路服務，正逐漸成為現代人日常生活的必需品。

然而，我們**每隔一陣子就會遇到某個網路商店或服務暫時故障無法使用的情況**。發生這類故障的其中一個原因，便是**伺服器**[3]**被DoS攻擊癱瘓而無法連接**。

※3　伺服器（Server）即是指負責提供服務的電腦。一旦伺服器當機或是癱瘓，網路服務就會跟著中斷。

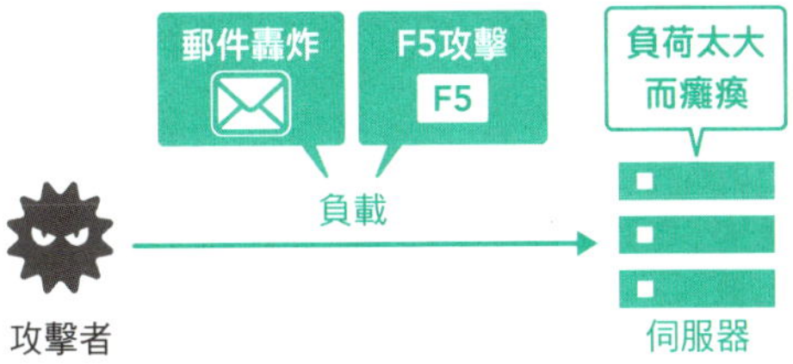

▲ DoS攻擊的結構

DoS（**Denial of Service**）**攻擊**又叫做**阻斷服務攻擊**，是代表性的網路攻擊手法。這種攻擊的原理是對攻擊目標的伺服器給予大量工作負載，使伺服器的網路頻寬或運算資源超載，導致伺服器當機或無法正常被使用者連接。使伺服器超載最簡單易懂的方法，包含一次寄送大量電子郵件的**郵件轟炸**，以及快速連按重新整理網頁的快捷鍵F5的**F5攻擊**。

DoS攻擊可以透過屏蔽送出大量連接請求的連入者來進行防禦。然而，如果是一次有大量攻擊者的話，就另當別論了。同時透過大量設備發動的DoS攻擊稱為**DDoS攻擊**，這種攻擊無法光靠屏蔽特定通訊來源來防禦。

DDoS攻擊的代表性案例是2022年發生的雲端服務業者攻擊事件。這次攻擊導致了DeepL、Discord、Spotify等許多知名網路服務暫時中斷。

DoS攻擊癱瘓伺服器的行為，不只會造成網路服務使用者的不便，也會對服務業者造成**機會損失**，**發生財務上的損害**。不僅如此，**有時還可能導致品牌形象受損**。關於DoS攻擊，我們會在51中詳細介紹。

網路攻擊的切身損害　　　　　　　　　非法操作　個資外洩

心臟節律器被人操控

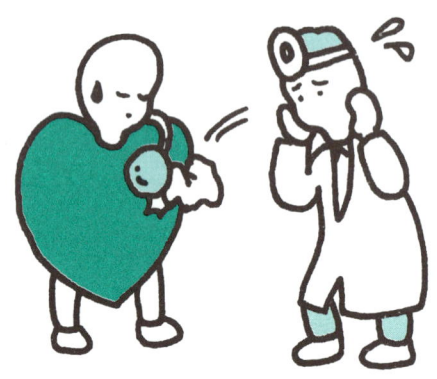

近年來，不需要醫生在場，可以連接網路從遠端治療或確認病患狀況的醫療器材日益增加。這類設備雖然很方便，但也跟其他IT系統或IoT機器一樣，遭受網路攻擊的風險也隨之提高。而且針對醫療器材的網路攻擊還有一個特徵，那就是**潛在的損害非常嚴重**。

2008年在日本的一場學術會議上，便有團隊發表研究指出，某款心臟節律器（心臟起搏器）和ICD（植入式去顫器）**存在著被駭客篡改病患資料、診療資訊及機器設定的可能性**。

該機種原本就可以透過網路遠端調閱或變更上述資訊。而攻擊者也同樣可以透過網路竊取設備上的資料，或在未經授權下變更機器的設定。

擅自變更病患的資料，可能會讓負責管理ICD的醫師誤診。同時，變更機器上的設定也可能引發設備意外故障，危及病患的性命。

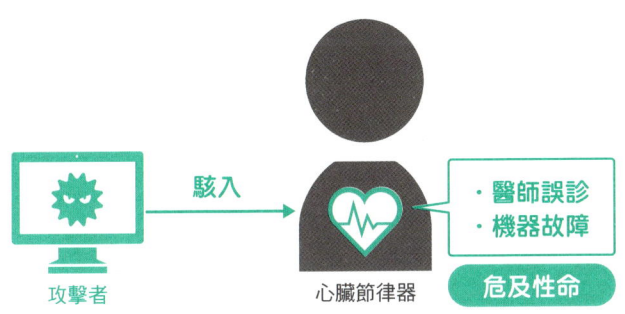

▲ 攻擊者對醫療器材的非法操作

隨後在2012年，又有研究者在學術會議上發表報告，指出攻擊者可以透過網路攻擊讓心臟節律器或ICD**發出電壓高達830V的電流**。根據東京技能者協會的研究，**25～50V的電壓就足以致人於死**，因此**830V是一個非常危險的數字**。

所幸直到2023年為止，還沒有發生過這一類的攻擊事件。然而，一旦有心人士透過網路攻擊實際奪取了醫療器材的控制權，就有可能危及人命。

從本章的介紹可知，**網路攻擊造成的損害種類繁多**。有些光靠個人的努力無法防範，例如針對公共運輸機構的攻擊；也有些只要個人的一個簡單行動就能夠防止，例如物理性因素導致的個資外流等等。

在Chapter 2中，為了更進一步深化大家對於網路安全的相關知識，並確實預防可以防止的損害，我們會一一檢視攻擊者的各種攻擊手法。

專欄 1 **遠距辦公的安全對策**

遠距辦公具有各式各樣的好處，但在資訊安全方面，也有幾個應該注意的要點。

首先，假如你跟家人住在一起，請記得**將工作用的電腦設定成只有自己才能使用**。就算家人沒有惡意，意外也可能會發生。在工作時間之外，電腦應該關閉電源並加上**物理鎖**，防止被人帶出家中；而在工作中暫時離席時，請記得將作業系統切換到**鎖定畫面**（Windows的話請按**Win鍵＋L鍵**）。為了防止意外發生，即使不是遠距辦公也請養成離席時鎖定電腦的習慣。

其次，請**不要使用公共的無線網路**。因為有些公共無線網路的安全措施做得很差，存在被人竊聽或資料外洩的危險性。即便是自家的Wi-Fi，如果你從來沒有檢查過路由器設定的話，也請記得「限制連接設備或設定密碼」、「換掉出廠時預設的帳號或密碼」。

最後，請**不要將私人的儲存裝置連接至工作用的設備**。無論是哪種儲存裝置都存在資料外洩的風險。關於遠距辦公的資訊安全策略，一些政府機構的官網上都有詳細的資料，建議大家可以上去看看。

- **遠距、居家辦公的資安防護重點**（台灣）
  cs.hl.gov.tw/Upload/20220530 1739270395081.pdf
- **遠距辦公資安**（台灣）
  www.cic.police.ntpc.gov.tw/cp-755-73432-28.html
- **網絡安全資訊站─遙距工作的保安**（香港）
  www.cybersecurity.hk/tc/learning-remote-working.php
- **資訊安全網─遙距工作的保安**（香港）
  www.infosec.gov.hk/tc/best-practices/person/remote-working

Chapter 2

認識網路攻擊的手法

網路攻擊有幾種典型的手法。在本章中,我們會先介紹這些手法,再一一講解它們攻擊時所針對的漏洞。同時,我們也會稍微介紹網際網路的原理,作為 Chapter 3 之後技術部分的預習。

典型的網路攻擊手法　　　　　　　　　　　　　　　防毒軟體

攻擊的
第一步是欺騙

提到網路攻擊，可能多數人腦中浮現的畫面，都是駭客透過網路運用各種資訊技術發動攻擊。雖然這個印象並沒有錯，但你如果只提防這點，就有可能在意想不到的地方失足。因為網路攻擊的第一步，永遠是從**欺騙對象**開始，而<u>這個行為並非只依賴於數位途徑</u>。

在網路攻擊中，「欺騙對象」是非常重要的一步。因為絕大多數的人和企業都不想被攻擊，會設下重重的防備，所以攻擊者必須先突破這些防禦才能成功攻擊。

以我們身邊的事物為例,比如現代人在登入購物網站時都必須先輸入密碼,或是在電腦上安裝**防毒軟體**[※4]。這些全都是針對惡意或非法連接的防禦手段,而我們平時都會運用這類防禦手段來抵禦攻擊。

▲ 防毒軟體的防禦原理

　　而站在攻擊者的立場來看,這些防禦系統是非常麻煩的。所以攻擊者必須想辦法無效化這些防禦。其中一種無效化的手段,便是運用數位技術攻破,但除了這種方法之外,也可以運用古典的面對面詐欺,或是物理性的盜竊方法。

　　密碼和防毒軟體都是重要的防禦手段。然而,如果平時只留意這些工具,你就有可能被意想不到的手法解除防禦。所以重要的**不是個別的防禦手段,而是時時提高警覺、提防被騙**。而要做到這點,就**必須先了解攻擊者具體會運用何種手段來解除你的防禦**。

　　所以從下一節開始,我們就來看看幾個**典型的欺騙手法**吧。

※4　具有預防感染病毒(參照⑪)、殺毒、阻斷未經授權的連接等功能,保護電腦或手機系統的軟體。其他像是安全軟體、殺毒軟體等等,指的也都是相同的東西。後面我們會在專欄③詳細說明。

典型的網路攻擊手法　　　　　　　　　　　垃圾搜尋　肩窺

典型的手法①
社交工程

　　網路攻擊的典型例子之一是社交工程。所謂的**社交工程**，就是利用人心或行為習慣的弱點，在不使用數位技術的情況下竊取個人所擁有的資料。日本網路安全協會對社交工程的定義[※5]如下：

> 不利用電腦技術或網路技術，而使用物理手段（或心理手段）獲取入侵系統所需的帳號、密碼，或企業的機密資料等的行為。

※5　「什麼是社交工程」日本網路安全協會：
　　　https://www.jnsa.org/ikusei/04/14-01.html

社交工程具體可以分為以下幾種手段。

- **物理性手段**
    - 垃圾搜尋
    - 肩窺
- **心理性手段**

第一種**物理性手段**是**垃圾搜尋**。所謂的垃圾搜尋，就是從辦公處的垃圾桶中取得重要文件或寫有密碼的紙本，是電影中也經常出現的有名手法。

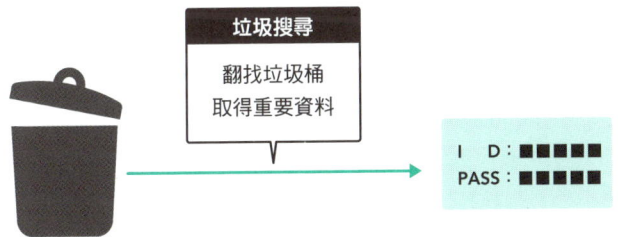

▲ 透過垃圾搜尋取得重要資料

除了紙張之外，**以非法手段取得他人的電腦或手機等電子設備**，並從中汲取個資或信用卡資料，也屬於垃圾搜尋的一種。這類資訊都存在著**透過廢棄設備外洩的危險性**。

想避免有心人士透過廢棄設備取得個人資料的方法大致上有兩種，但兩種都不簡單。

① 完全刪除資料
② 以物理性手段破壞設備

①的方法之所以困難，是因為單純從設備上刪除或是覆蓋檔案，仍可能被人用專門的工具復原。想要確實消除數據，必須使用專門的**資料清除工具**。

至於②的方法，一般人很難知道到底該破壞電子設備的哪個部分，又該破壞到什麼程度，才能確保數據無法被讀取。同時，還必須擁有破壞用的工具，而且破壞時玻璃碎片或金屬片還可能亂飛，對不熟練的人來說是很危險的行為。

基於以上理由，如果想報廢設備的話，最穩妥的方法就是**委託可信賴的專門業者**。以手機為例，多數電信公司都有提供手機回收和報廢的服務，可以直接前往鄰近的店面洽詢。如果對方有提供當面報廢服務的話，就更不用擔心裡面的資料外洩了。

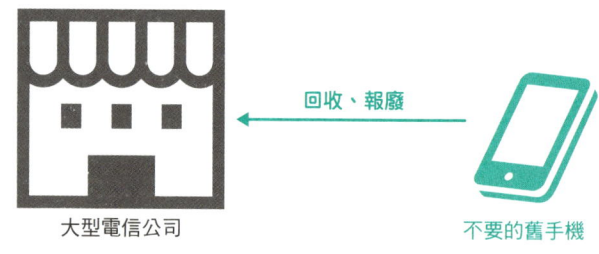

▲ 幫忙回收、報廢不要的電子設備的服務

如同我們在④稍微提過的，人們經常以為「資訊外洩」是電腦被駭客入侵造成的，但其實很多時候都是物理媒介外洩導致。在日本，**資料外洩事故的最大主因是紙本媒介，佔了整體的29.8%**，而**電腦、手機、隨身碟等硬體的遺失合計佔了47.8%**，遠比經由網路或電子郵件洩漏的事故更多。

2022年，日本兵庫縣的尼崎市曾發生46萬名市民的個資暴露在外洩危機中的事故，而這起事故就是USB隨身碟被搞丟造成的。所以想保護自己免於網路攻擊，適當管理物理媒介也很重要。

為了確保即使不小心弄丟了工作用的隨身碟也不會讓資料外

洩，建議大家可以對隨身碟加密（**參照 ㉖**）。專業版的Windows有提供一種叫<u>BitLocker</u>的功能，可以將隨身碟內的資料加密。此外，有些隨身碟廠牌的支援網頁也有提供加密軟體，或者某些機種的隨身碟也自帶加密功能。這類隨身碟俗稱**安全加密碟**，雖然售價比較高昂，但比普通的隨身碟更安全。

緊接著再來看看另一種物理性手段。那就是在別人輸入密碼時直接從背後偷窺輸入畫面或是鍵盤操作的**肩窺**（<u>Shoulder Surfing</u>）。

近年來，經常能看到人們在電車或咖啡廳等人多的公眾場所工作。在這種眾目睽睽的地方輸入密碼，或打開記載了機密資訊的文件，就有可能成為肩窺的受害者。

最後則是**心理性手段**。所謂的心理性手段，就是「假冒成正職人員進入辦公場所」、「在電話中問出密碼」等，利用人性心理漏洞的手段。比如假扮成受害者的子女、兒孫、或是公家機關，**誘騙受害者匯款的詐欺**，就是具體的例子之一。除此之外，**像是偽裝成公司的資訊部門或系統供應商，從公司職員口中套出登入密碼等詐騙**，也屬於心理性手段的例子。這些重要的資訊，都不可以輕易告訴他人。

以上介紹的手法都不需要專業的資訊技術，但社會上被這類手法盜取密碼的案例卻層出不窮。所以請大家時時謹記，網路攻擊也有可能始於這類物理性、心理性的資訊竊盜手法。

典型的網路攻擊手法　　　　　　　　　　　　　　釣魚 / 非法匯款

典型的手法② 釣魚

第二種典型的手法，則是**釣魚**。所謂的釣魚，就是新聞常見的「冒充他人給受害者打電話」誘騙其匯款，或是「**冒充他人給受害人寄電子郵件**」等**假冒**手法。釣魚的目的，大多情況下都是非法取得對方的帳號和密碼。

比如，假設有個攻擊者想要取得A先生的網路銀行帳號密碼。此時，他會先假冒成A先生的銀行寄電子郵件給A先生。信件的內容通常是「您的密碼可能遭到他人盜用，請盡快變更密碼」或「您有一筆匯款，請確認」等一般人最容易上當的藉口。

這些就是所謂的**釣魚**信件。之所以叫釣魚，就是因為這種行為就像在「釣」受害者上鉤。而這類「釣魚信」的底部，通常都會

附上網站的超連結。

其實,這個連結並不會連到銀行的真實登入頁面,而是連到**攻擊者事先準備好的假網站**。但因為這些假網站往往做得跟真正的銀行登入頁面一模一樣,所以使用者很容易被騙到,在假網站輸入自己的帳號密碼。然而由於這是攻擊者管理的假網站,因此在這裡輸入帳密,就等於把**帳號密碼告訴攻擊者**。

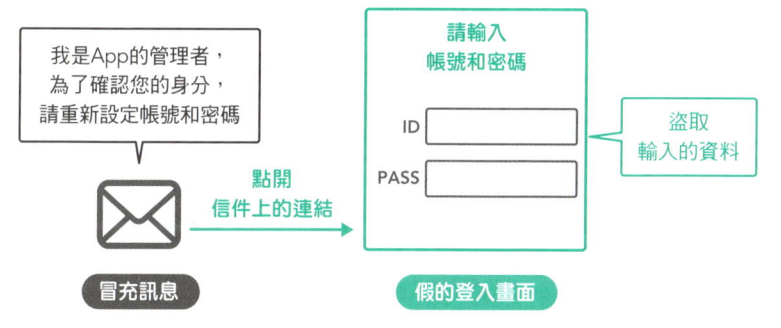

我是App的管理者,
為了確認您的身分,
請重新設定帳號和密碼

點開
信件上的連結

冒充訊息

請輸入
帳號和密碼

ID
PASS

盜取
輸入的資料

假的登入畫面

▲ 釣魚的流程

而透過釣魚手段非法取得的帳號密碼,通常會**被拿到黑市**[※6]**交易,或是用來進行非法匯款**。

另外,利用電子郵件進行網路攻擊的手法並不是只有釣魚一種。還有一種攻擊手法會狙擊特定的企業或組織,俗稱**針對性攻擊**。釣魚郵件的內容通常只針對某項服務的使用者設計,只要是該服務的會員,任何人都可能收到。相反地,針對性攻擊的內容會**針對目標組織進行縝密的設計**。當收到郵件的人誤以為這封信是客戶寄來的,打開郵件中的附加檔案時,惡意軟體就會感染電腦,竊取電腦中的機密資訊。

※6 網際網路存在一塊無法被搜尋引擎檢索,無法用一般方法存取的區域,俗稱**暗網**。而暗網正成為買賣帳號密碼等非法交易的溫床。

| 典型的網路攻擊手法 | 惡意軟體 / 病毒 / 蠕蟲 / OS |

11 典型的手法③ 惡意軟體

典型攻擊手段的最後一個例子是**惡意軟體**。所謂的惡意軟體,其實是所有會對被感染設備造成損害,帶有惡意的程式總稱。比如我們常說的電腦病毒和木馬軟體等等,都屬於惡意軟體的一種。

電腦病毒就跟自然界的病毒一樣,**需要寄生的對象**。而電腦病毒的寄生對象就是電腦程式或檔案。一旦成功寄生後,電腦病毒就會自我繁殖,擴大感染。

電腦蠕蟲也會自我繁殖,但**蠕蟲不需要寄生的對象,是可以單獨存在的程式**。因此,電腦蠕蟲的繁殖能力很強,有時會造成大規模的損害。比如從前就曾有兩個叫 **Nimda** 和 **Code Red** 的電腦蠕

```
┌─────────────────────────────────────────────────────┐
│                      惡意軟體                         │
│               帶有惡意的程式總稱                        │
│         一旦遭到感染就有可能導致資料外洩或損壞            │
│                                                     │
│  ┌──────────────┐ ┌──────────────┐ ┌──────────────┐ │
│  │   電腦病毒    │ │   電腦蠕蟲    │ │   木馬軟體    │ │
│  ├──────────────┤ ├──────────────┤ ├──────────────┤ │
│  │・會寄生在程式上│ │・可以單獨存在  │ │・可以單獨存在  │ │
│  │ （需要宿主）  │ │ （不需要宿主） │ │ （不需要宿主） │ │
│  │・會自我複製繁殖│ │・會自我複製繁殖│ │・不會自我繁殖  │ │
│  │              │ │              │ │・會偽裝成正常的 │ │
│  │              │ │              │ │  程式入侵     │ │
│  └──────────────┘ └──────────────┘ └──────────────┘ │
└─────────────────────────────────────────────────────┘
```

▲ 惡意軟體的分類

蟲在全球大繁殖，造成嚴重問題。

而**木馬軟體**，則是一種**會偽裝成無害程式，吸引受害者下載，潛伏在受害者的電腦中發動攻擊的惡意軟體**。之所以叫「木馬」，是因為其感染途徑很像古代希臘聯軍在特洛伊戰爭中將士兵藏在木馬內，藉此混進特洛伊城的戰術。比如偽裝成正常程式潛伏在電腦中進行間諜行為（竊取資料）的**間諜軟體**，就屬於木馬軟體的一種。在③中介紹的勒索軟體也常常偽裝成電子郵件的附件入侵電腦，因此在感染途徑上也可以歸類為木馬軟體。

惡意軟體有很多種不同的感染途徑，但最常用的就是電子郵件。它們往往會偽裝成公務信件，以附加檔案的形式被送給受害者。**只要收到郵件的人打開附加檔案，電腦就會感染惡意軟體**，這便是典型的電子郵件感染途徑。

```
✉ mail

title 關於先前委託的計畫案

From torihikisaki@sigotomail.com
To   higaiwouketa@gyoumumail.com

📄 tenpu.docx

致各相關公司：

您好。

如題，針對日前商討的案件，現已進行了規格修改。
我們已將要點整理於附件中，懇請您撥冗確認，萬分感謝。
由於本公司作業疏失，造成您的不便，深表歉意。
敬上
```

▲ 用電子郵件誘導受害者感染惡意軟體

　　最近幾年大流行的**Emotet**，以及數年前造成巨大損害的WannaCry（參照③）等惡意軟體，也都使用了相同的感染手法。先前在⑩也提到過的針對性攻擊，也會偽裝成目標企業的客戶等身分發送電子郵件。

　　不過，雖然剛剛提到「只要打開附加檔案就會被感染」，但在大多數情況下，只是打開Word檔等附加檔案，並不會讓電腦感染惡意軟體。必須在<u>**啟用Word的巨集功能**</u>時打開檔案才會被感染。而要注意的是，很多詐騙郵件也會在信中巧妙地引導受害者去「啟用巨集功能」。

　　這類以網路釣魚或傳播惡意軟體為目的的郵件，有些會加上「緊急」或「○小時內」等使對方心急的期限。所以在無法確認寄件人的情況下，收到這種催促行動的郵件時，請務必提高警覺。

　　另外，有時點開電子郵件內文中的超連結時，網頁上會跳出「您的電腦正受到威脅」之類的警告。這些警告提示通常會催促你

快點下載安裝防毒軟體，但當然它們讓你下載的並不是**防毒軟體，而是惡意軟體**。所以千萬不能下載或安裝。

為了避免電腦感染這類惡意軟體，操作電子設備時請隨時謹記以下幾個原則。

- 為電腦或手機的**OS**（作業軟體）[7]安裝最新的安全性更新（參照⑬）確保OS**隨時保持在最新的版本**
- 檢查郵件的寄件人信箱是不是自己認識，又或是可以信賴的來源，**不要點開可疑的郵件**
- 除非寄件人可以信賴，否則**不要下載或執行電子郵件中的附加檔案**
- 除非寄件人可以信賴，否則**不要點擊電子郵件內的網頁連結**
- 除非製造商可以信賴，否則**不要隨意安裝應用程式**（App）

由於很多人平時都會透過電子郵件的附件功能來分享工作用的檔案，因此要大家一下子完全不使用電子郵件附件是件很困難的事。然而，偽裝成公司客戶或客服郵件來傳送惡意軟體，是非常典型常見的網路攻擊手法，如果不小心注意，很容易就會上當受騙，遭到感染。

所以請養成習慣，**原則上不打開任何附加檔案，如果非打開不可的話，也務必先檢查寄件人的身分和連結網址**。

---

[7] Operating System的縮寫。電腦的話即是Windows或macOS，手機上則是iOS或者Android，是一台電子設備中最基本的系統。

| 系統的漏洞與利用 | 怪客 / 白帽駭客 / 破解 |

12 什麼是駭入？

到目前為止，我們介紹了攻擊者「誘騙」受害者的手段。這些手段都是以「人」為攻擊對象的網路攻擊手法。那麼不是以「人」為目標，而是以「系統」為目標的攻擊又是什麼樣子呢？

以「系統」為目標的典型攻擊例子，就是**駭入**（Hacking）。駭入一詞，原本指的是解析電腦硬體或軟體的構造，並加以改造的行為，而從事這項行為的人就叫做**駭客**。駭客一詞在剛誕生時，原本指的是電腦技術高超的人，而駭入的行為也大多是出於善意或惡作劇的程度而已。

然而，在網際網路和惡意軟體快速普及後，駭客的惡意行為（比如製作和散播惡意軟體）逐漸受到社會關注，駭入和駭客這類用詞

也開始變成負面的詞彙。

在資訊領域，不做壞事的駭客通常被稱為**白帽駭客**，而惡意駭入的行為則被稱為**破解**（Cracking），進行破解行為的人則被稱為**怪客**（Cracker），但這些用法似乎並未在一般大眾間普及開來。直到現在，仍有很多人認為「駭客＝壞人」。

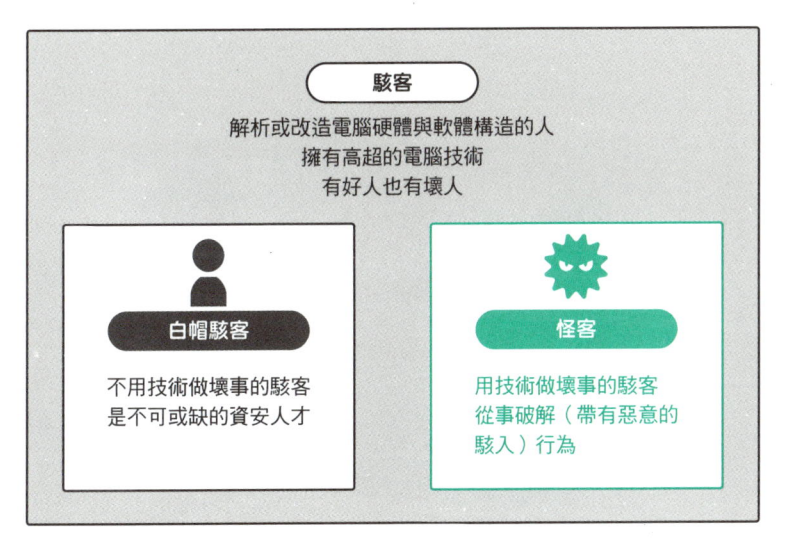

```
                          駭客
            解析或改造電腦硬體與軟體構造的人
                    擁有高超的電腦技術
                      有好人也有壞人

       白帽駭客                       怪客
   不用技術做壞事的駭客            用技術做壞事的駭客
   是不可或缺的資安人才            從事破解（帶有惡意的
                                  駭入）行為
```

▲ 駭客與怪客

然而，如今防禦網路攻擊需要很高超的技術，因此白帽駭客正成為資安領域不可或缺的人才。在 ⑤ 的附註中介紹的DEFCON等大會，也很流行舉行白帽駭客互相較勁駭客技術的**CTF**（Capture The Flag）競技，也曾有日本人團隊拿到優異名次。

系統的漏洞與利用　　　　　　　　　臭蟲　漏洞　安全性更新

13 什麼是漏洞？

駭客在進行攻擊時，目標通常是一個系統的**安全漏洞**（**Vulnerability**）。這個詞在網路安全以外的領域不常聽到，卻是一個非常重要的概念，你可以把它理解成系統的弱點。

漏洞又叫**脆弱性**，屬於系統或軟體的缺陷或臭蟲（Bug）的一種。漏洞跟臭蟲的差異在於臭蟲通常單純指「**規格**[※8]**外的行為**」或「異於設計規格的行為」，而漏洞則是指**當程式遭受惡意攻擊時，會做出規格外或異於設計規格的行為**。

※8　所謂的規格，就類似寫有系統或軟體的功能、性能、行為等的設計藍圖。在開發軟體系統時，程式設計師會依照寫有規格的規格書來編寫程式。

臭蟲	漏洞（脆弱性）
系統或程式中的 錯誤或缺陷的總稱	只在進行特定攻擊時 會發現的錯誤或缺陷
・不符合規格的行為 ・不一定會成為網路攻擊的目標	・網路攻擊的目標 ・受到網路攻擊時會做出意料外的行為 ・即便是符合規格的行為，只要可能成為網路攻擊的弱點，就算是漏洞

▲ 臭蟲和漏洞的差異

漏洞和臭蟲的差別很難三言兩語就正確地解釋清楚，而這裡我們用「當存在缺陷時發現的容易程度」來做區分。

臭蟲的概念比漏洞更廣。由於當程式存在臭蟲時會做出異於規格的行為，因此臭蟲通常比漏洞更容易發現。

相對地，**漏洞只有在「進行特殊攻擊時」才會被發現**，換言之更像是阿里巴巴與四十大盜故事中那扇「需要特定咒語才能打開的門」。就像在故事中想打開門就必須唸出正確的咒語，想檢測程式中有沒有漏洞，就必須對程式發動攻擊，令其做出因漏洞導致的規格外行為。然而，**要提前預測所有可能的網路攻擊並加以防範是不可能的事**，所以也**不可能完全消除所有漏洞**。

另一個無法完全消除程式漏洞的原因，是因為攻擊者也會不斷思考新的攻擊方法。有時候這些新的攻擊手法可以完全繞過傳統的防禦措施。換言之，有時一個程式可能在新的攻擊方法出現前並沒有漏洞，**直到新的攻擊方法發明後才出現了漏洞**。

基於以上兩個原因，在一個程式產品完成上市以後，仍必須繼續推出更新補上漏洞。而最典型的做法，就是推送**安全性更新**（**Security Patch**）。

使用Windows系統的讀者，應該每個月都會收到「有更新可使用」的通知。這是因為Windows經常會被發現新的漏洞，所以微軟公司每個月都會針對新發現的漏洞推送更新資料。這不只限於Windows，macOS也一樣，還有手機系統的iOS和Android也不例外。

如果遲遲放著不更新，你的設備就更容易暴露在攻擊中。所以收到OS的版本更新時，建議盡快進行更新。

另外，**每個版本的OS都存在支援期限**。支援期限就是開發商繼續維護軟體，確保軟體可以安全使用的期限。在支援期限過後，開發商就不會再繼續為該版本的產品發送安全性更新。換言之，**結束支援的OS在面對網路攻擊時會變得很脆弱**。

以Windows來說，在2023年10月，微軟已結束了Windows 8以前所有版本的OS支援。所以請避免使用已超過支援期限的作業軟體。

▲ 確保最新版本的安全性更新

專欄 2　感染惡意軟體會發生什麼事？

　　雖然最好的情況當然是不要被惡意軟體感染，但萬一電腦真的被感染的話，你可以依照以下的步驟處理。

1. 使用防毒軟體**掃描有無感染**
2. 確定已感染的話，**請切斷網路連線**
3. 使用防毒軟體**移除惡意軟體**
4. 無法移除的話，請**重設整台裝置**
5. 仍無法解決的話，請**諮詢**裝置製造商或防毒軟體的**客服窗口**

　　首先，必須先檢查是否真的有被感染。**使用防毒軟體進行掃描**，通常就能知道裝置有無被感染。

　　掃描後若確定有感染，首先為了防止感染擴大，應**切斷電腦或手機的網路連線**。接著，再使用防毒軟體的功能**移除惡意軟體**。

　　然而，有時惡意軟體可能會妨礙防毒軟體，導致無法移除。又或者你感染的是勒索軟體，此時檔案已被加密，無法正常運作。遇到這類情況時，**請先嘗試重設電腦或手機**（恢復原廠狀態）。重設的選項通常可以在設定畫面中找到。只要在被感染前有做好備份，即使裝置重設了也還是可以找回檔案，所以請平時就養成備份的好習慣。

　　當然，有時你可能會遇到完全無法靠自己的力量移除或復原的情況。這種時候，最好**向該設備的販賣商、製造商或是防毒軟體客服窗口**（參照 專欄3）**尋求協助**。

系統的漏洞與利用　　　　　　　　　　漏洞利用　零日攻擊

14 利用漏洞進行的攻擊

當 系統或軟體存在漏洞時,攻擊者便會嘗試利用漏洞侵入、控制、奪取系統,或植入惡意軟體。這種利用漏洞進行攻擊的行為,俗稱**漏洞利用**(Exploit)。

利用漏洞進行攻擊
漏洞利用　　　　漏洞

▲ 漏洞利用(Exploit)

漏洞利用的一個危險例子,便是**零日攻擊**。如同我們在 ⑬ 所述,在開發系統的時候,想一次找出所有漏洞是不可能的。同時,

攻擊手段的進化也會導致新的漏洞產生。因此，漏洞需要的不是「完全消除」，而是「發現和處理」。

在日本，所有被發現的漏洞都會呈報給**IPA**（**情報處理推進機構**），再由一個名為**JPCERT/CC**的漏洞協調組織通知開發商進行修補（註：台灣則會通報給TWCERT/CC，揭露於TVN（台灣漏洞揭露平台）上；香港會通報給HKCERT（香港網絡安全事故協調中心），HKCERT亦會發出保安警報）。程式和設備廠商在收到通知後便會修補漏洞，再透過推送安全性更新的方式提供使用者改善。這些漏洞和應對資訊都會公開在**漏洞資料庫**[※9]中，分享給所有開發者，幫助開發者開發更加安全的系統。

然而，有時漏洞還來不及修復，就會先遭到不肖人士利用。

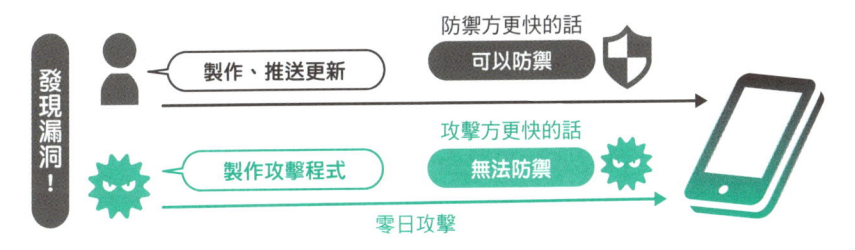

▲ 漏洞與零日攻擊

從漏洞被發現到修補完成之前的這段時間俗稱**零日**（Zero Day），而在這段期間針對漏洞進行的攻擊就叫零日攻擊。由於零日攻擊沒有任何辦法可以防禦，因此程式和設備就只能任由攻擊者攻擊。

漏洞利用的技術有很多種，具體因漏洞的型態而異。關於攻擊方面的技術，請參照Chapter 5的部分。

※9 代表性的漏洞資料庫之一，有JPCERT/CC和IPA共同營運的**JVN**（Japan Vulnerability Notes）。
https://jvn.jp/
國際上則有MITRE維護管理的CVE（Common Vulnerabilities and Exposures）。
https://cve.mitre.org/

網際網路的原理　　　　　　　　　通訊協定　TCP/IP　IP位址

15 支撐著網際網路的協定

本章，我們介紹了網路攻擊的手法和典型案例。最後，我們再順便簡單認識一下現代人生活的基礎設施之一，同時也是網路攻擊發生的主要場域**網際網路的原理**。Chapter 3之後也會講到很多網路技術的相關內容，因此這裡讓我們先稍作預習。

如今不論是手機、平板還是電腦，在任何種類的設備或機型上，我們都能自由地瀏覽網站、收發電子郵件、在社群網路上發文。這是因為上述服務都建立在同一個網際網路的基礎上，也就是**TCP/IP協定**。

這裡的**協定**（Protocol）指的是通訊協定，也就是通訊的步驟和規格規範。你可以理解成「<mark>大家約好按照某套規定次序進行交流的規則書</mark>」。比如想瀏覽某個網站時，我們通常會點擊它的超連結，或是在瀏覽器[※10]的網址列輸入網址。此時，在網際網路的內部，會展開以下的**請求**（Request）和**回應**（Response）的程序（協定）。

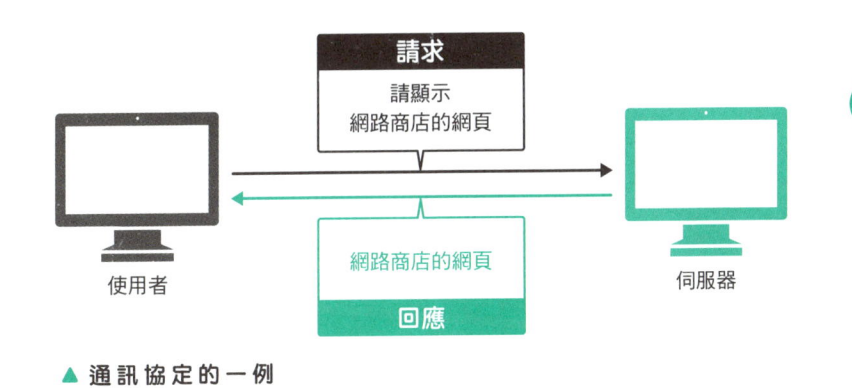

```
                請求
            請顯示
          網路商店的網頁

  使用者  ───────────────→  伺服器
         ←───────────────
            網路商店的網頁
                回應
```

▲ 通訊協定的一例

<mark>因為有「對請求給予回應」的這個協定存在</mark>，網際網路才能運作。而不論是網路攻擊手段還是針對網路攻擊的防禦手段，也都建立在這個協定上。

支撐網際網路運作的協定有很多種，其中最有代表性的是IP協定和TCP協定。我們首先介紹IP協定。

我們的電腦、手機、智慧音箱等聯網設備，其實都擁有各自的**IP位址**（IP Address）。網路上的資料交換＝通訊行為，都是以IP位址為標的。而跟IP位址相關的規則與協定，就叫做**IP協定**。

※10　瀏覽器（Browser），即瀏覽網站時使用的應用程式。代表例有Microsoft Edge、Google Chrome、Safari等等。

▲ IP位址的原理

　　IP位址分為在同一棟建築物或組織內部使用的IP位址（**私有IP位址**），以及全世界通用的IP位址（**公共IP位址**）兩種。你可以把私有IP位址理解成電話的內線號碼，而公共IP位址則是普通的電話號碼。只要依循IP協定，網路的請求和回應就能送給正確的對象。

　　此外，網路還遵循另一種名為**TCP**的公共規範，讓任何人都能進行各種不同種類的通訊。這套規範就是**TCP協定**。所謂的**TCP**（**Transmission Control Protocol**），其實是一系列在通訊異常時重新傳送資料的機制，以及具有自動修復錯誤機制、擁有高信任度的通訊協定的總稱。

我們**瀏覽網站時使用的HTTP/HTTPS協定，以及收發電子郵件時使用的SMTP協定**等各種各樣的通訊規範，都是建立在TCP協定之上。

HTTPS和SMTP的詳細內容在此省略，你只要知道「網路上的第三者不會知道我們正在瀏覽什麼網站」、「我們寄出去的電子郵件內容不會被第三者竄改，會順利送達收件人」這些理所當然的資料交換行為，都是因為有這兩種協定才能成立就行了。

```
                    因TCP/IP才能成立

                            瀏覽網站
              電子郵件
· 不會被竄改      ✉         · 別人不會知道你
· 不會寄給別人                 閱覽的內容
```

▲ 基於TCP/IP，這些理所當然的資料交換行為才能成立

由TCP協定和IP協定組成的這套架構，我們俗稱**TCP/IP**。TCP/IP讓我們可以跟指定的IP位址進行TCP通訊，是網際網路的基本技術。

雖然本書沒有詳細介紹，但如果你想更加深入認識這個主題的話，坊間可以找到很多介紹TCP/IP的入門書（比如《圖解TCP/IP網路通訊協定》（井上直也等人合著，碁峰出版）），可以參照它們的內容。

網際網路的原理　　　　　　　　　匿名性　遠端控制

16 TCP/IP帶來的好處與壞處

有了TCP/IP，我們就不用擔心通訊的內容和個人資料外流，可以放心地使用網際網路這項公共設施。然而，網際網路帶給我們的並不只有方便的生活。

由於TCP/IP是一種不需驗證（參照㉒）的協定，因此可以匿名發送訊息。比如在2010年～2012年間發生的阿拉伯民主化運動「阿拉伯之春」中，社交通訊軟體的匿名功能就發揮了很大的作用，為這波公民運動提供了助力。

然而，匿名性雖然有好處，但也被惡意攻擊者用來隱藏自己的身分。比如在2012年～2013年間發生的**遠端控制事件**，便是知

名的濫用匿名性發動網路攻擊的例證。在這波事件中，許多一般人的個人電腦遭到遠端控制，帳號遭到攻擊者冒用，在網路上發布帶有恐嚇性的文章。

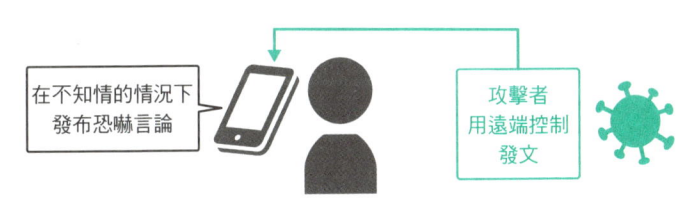

在不知情的情況下發布恐嚇言論

攻擊者用遠端控制發文

▲ 利用匿名性遠端控制他人的電腦

除了冒用被害者的身分外，由於**惡意軟體大多具有一旦散播出去後就會自動感染更多人的性質**，因此**匿名性也導致司法機關很難逆向追蹤到攻擊源頭**。

不只是匿名性，網際網路「瞬間就能將資訊擴散到全世界」的特性，有時也會帶來弊端。比如惡意軟體因此能以超高速度擴散，**機密資訊只要洩漏到網路上也會在瞬間傳遍全世界**。

而且資訊一旦洩漏到網路上後，如果試圖去消除它，有時候反而會引來更多人的關注（**史翠珊效應**）。況且現在還有**Wayback Machine**[※11]等網站保存服務，就算是已經從網路上下架的資訊也完全有可能被人看到。

網際網路雖然非常方便，但請記住它的便利性也可能有帶來不良結果的風險。

※11　由美國的非營利組織Internet Archive經營的服務。任何人都能自由使用，可複製保存某網站在歷史上某時某刻的狀態。https://archive.org/web/

專欄 3　如何挑選防毒軟體

防毒軟體有以下兩個種類。

- OS自帶的安全功能
- 額外購買的獨立產品

　　前者的代表便是Windows內建的**Microsoft Defender**。這是購買Windows PC時一開始就內建的軟體，可以偵測和防禦惡意軟體。防火牆的功能也可以在Microsoft Defender中自行開關。

　　後者則是市面上各個專門公司販賣的產品。比如PC-cillin、卡巴斯基、ESET等知名防毒軟體。對於一般的Windows PC使用者，通常Microsoft Defender就很夠用了，不過專門的防毒軟體大多還會包含篩選垃圾郵件等更全面的保護功能，而且還**提供可即時交談的網路客服**。近年大多數的防毒軟體還能一次購買後安裝在多台設備上，可以同時在電腦、手機、平板上安裝。

　　不過面對這麼多的產品，一般人往往會陷入選擇困難。此時可以參考如**Av-Comparatives**（https://www.av-comparatives.org/）等獨立於各家廠商的評測網站，它們會從第三方的角度測試各家產品的惡意軟體偵測能力，並將結果公開給大眾。建議參考看看這類網站提供的客觀指標。

Chapter

3

網路安全的
基本觀念

在了解攻擊者的手法和具體的損害後,接著我們就要來學習如何防範這些攻擊策略。首先我們將釐清網路安全的定義,然後依序介紹網路安全的基本要件,以及設計對策時的思路。

網路安全的定義　　　　　　　國際標準　資訊　網路空間

17 資訊安全與網路安全

在 Chapter 1和Chapter 2，我們透過網路攻擊的實際例子，說明了為什麼我們需要重視網路安全。從本章開始，我們將介紹網路安全的原理與技術，但在開始講解具體的內容前，首先我們必須先釐清「網路安全」這個詞的定義。

首先是**安全**（Security）這個詞。一般情況下，安全一詞在單獨使用時，指的是**保護個人、組織本身及其財產的安全，不受竊盜或破壞等人為引發的攻擊**。比如居家的防盜或保全服務等等，都是安全的典型例子。

那麼，網路安全又是什麼呢？在思考這個問題之前，讓我們先重新確認一下資訊安全的定義。

資訊安全（Information Security）這個詞的意義比單獨的安全（Security）更加狹隘，定義如下。

確保資訊的機密性、完整性與可用性

機密性、完整性、可用性這三個詞對於一般人來說比較陌生，我們會在⑱的部分詳細解釋。這裡各位只要知道同時確保這三者就等於「確保安全」即可。換言之，資訊安全的定義就是「確保資訊的安全」，是一個專指資訊保護的概念。

上述定義是資訊安全管理標準 **ISO/IEC 27001** 規範的。**ISO**（International Organization for Standardization）是**國際標準化組織**的縮寫，而 **IEC**（International Electrotechnical Commission）是**國際電工委員會**的縮寫。ISO和IEC都是負責制定國際標準的機構。

所謂的**國際標準**，是為了確保國際上交易的各種產品都具有一定品質而制定的跨國性準則。比如信用卡的尺寸在全世界都一樣大，這就是因為背後有ISO標準來制定。而前面說的ISO/IEC 27001，則是由ISO和IEC兩邊一起制定，用以作為資訊安全指引的標準。

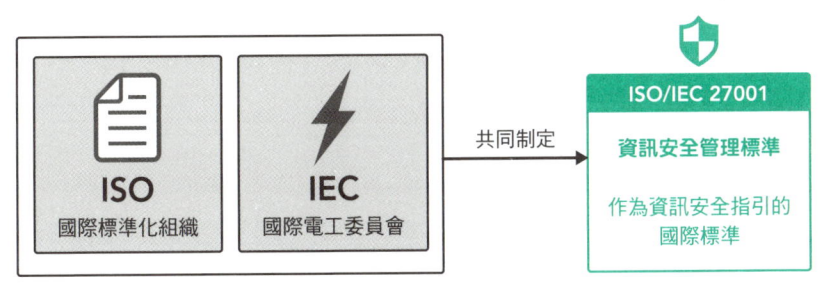

| ISO
國際標準化組織 | IEC
國際電工委員會 | 共同制定 → | **ISO/IEC 27001**
資訊安全管理標準
作為資訊安全指引的國際標準 |

▲ ISO和IEC規定了資訊安全的標準

那麼，資訊安全所保護的「資訊」又是什麼？所謂的**資訊**（Information），狹義上是指用電腦處理的資料，廣義上則泛指**所有可傳達特定內容的文字、符號、圖表等等。**

比如，記載了某人個人情報的資料當然屬於「資訊」，但即便這個人的個資是寫在便條紙上，也同樣屬於「資訊」。同理，新產品企劃書上的資料是「資訊」，某人報告這份企劃書的內容時所說的話也同樣是「資訊」。

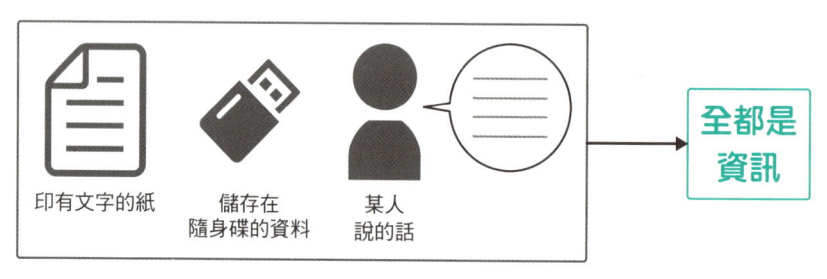

▲ 各種各樣的「資訊」

由此可見，資訊一詞的指涉範圍非常廣，因此受資訊安全保護的對象範圍必然也很大。通常聽到資訊安全，一般人想到的都是「保護電腦中的資料」，也大多把這個詞當成這個意思來用，但如果去翻資訊安全的參考書，你會發現當中也包含了除此以外的內容——比如如何防範 ⑨ 中介紹的社交工程的方法。

那麼，接著再來定義**網路安全**（Cyber Security）吧。網路安全一詞並沒有ISO那樣的標準定義，而是在「網路攻擊」和**網路空間**[※12]等詞彙流行起來後，從「資訊安全」衍生並傳播開來的詞彙。

如果把網路安全當成資訊安全的流行化同義詞，那麼這兩個詞其實大同小異，你把它們混著用也沒什麼問題。然而，如果要嚴謹地看待這兩個詞的意義，那麼**網路安全一詞可以理解為在「資訊安全」底下，攻擊、防禦、保護對象等跟網路空間有關的事物**。

「跟網路空間有關的事物」經常被理解成能用電腦處理的資料，但隨著IoT（ 參照 ①）普及，汽車和家電等一般機器也開始連上網路，可能成為DoS攻擊的對象，因此也能劃入「跟網路空間有關的事物」。

而在本書中，我們將網路安全定義為**確保網路空間中的資訊、服務、機器等的機密性、完整性、可用性**。雖然網路安全和資訊安全這兩個詞在一般使用上並沒有明確的界線，但在本書中，我會將之跟資訊安全區分開來，採用更狹義的用法。

比如「個人資訊的保護」就屬於「資訊安全」的範疇。因為將紙本文件放在有鎖的資料櫃內保存，以及用合適的方法保管數位**資料庫**，都屬於個資保護的範圍。相對地，網路安全只關注後者。

以下，我們將一一介紹網路安全所使用的技術，以及具體的網路攻擊方法等。

※12　如網際網路這種用電腦和網路創造出來的虛擬空間。除了網際網路外，公司的內部網路也屬於網路空間的一種。

| 資訊安全的三大要素 | ISO/IEC 27000 | 安全7要件 |

18 CIA＝
機密性、完整性、可用性

那麼，「確保安全的狀態」具體來說又是什麼樣的狀態呢？根據定義了資訊安全相關用語的 **ISO/IEC 27000**[※13]，就是滿足以下三個條件的狀態。

1. **機密性**（Confidentiality）
2. **完整性**（Integrity）
3. **可用性**（Availability）

※13 資訊安全相關的國際標準除了ISO/IEC 27000和ISO/IEC 27001（參照⑰）外還有50個左右，這些標準統稱為**ISO/IEC 27000系列**。此系列中序號最低的ISO/IEC 27000，負責定義相關的用詞。而在此之後的序號則負責依照各種情境與領域規定具體的標準。

50

機密性、完整性、可用性這三個詞的英文字首合稱為**資訊安全的CIA**。機密性指的是**資訊內容沒有洩漏給非正當相關者的狀態**；完整性指的是**資訊沒有遭受意圖外的方式改變，維持一致性的狀態**；而可用性則是指**資訊可用於恰當用途的狀態**。

　　在資安領域，一般認為只要能夠確保機密性、完整性、可用性這三項要素，便能確保資訊的安全。在一般情況下，我們只要記得這三項要素就足夠了，但在ISO 27000中還增加了**鑑別性**（Authenticity）、**可歸責性**（Accountability）、**不可否認性**（Non-repudiation）、**可靠性**（Reliability）等四項要素，總共七項要素，因此這裡簡單介紹一下。

　　所謂的**鑑別性**，就是指對象為真貨而非假冒。
　　可歸責性，是指對資訊進行過閱覽或變更等行為的人，可在事後被追蹤到。這代表當資訊外洩或遭到篡改時，可以回頭追蹤出是誰做了這件事。
　　不可否認性，指的是交易和操作等行為事實無法在事後被否認。比如，有些人在網路商店購物時不想付錢，因此可能會在收到商品後宣稱「我從沒有下單」。萬一每個人都這樣的話，商業秩序將被打亂，所以必須正確確實地記錄下單的事實，讓購買者無法否認，又或是即便否認也能提出證據反駁。這就是不可否認性。
　　至於**可靠性**，則是指系統執行處理或操作時的可靠性。這個概念早在資訊安全的概念出現前就存在，始於物理性產品的時代，比如「汽車能穩定行駛不故障」的性質就屬於可靠性。而如今這個性質也能套用在資訊領域。

資訊安全的三大要素　　　　　機密性的定義　假冒　非法存取

19 機密性

機密性（Confidentiality），指的是**資訊只能被必要的相關者存取**。只要確保了機密性，資訊就不會被人非法篡改或刪除。

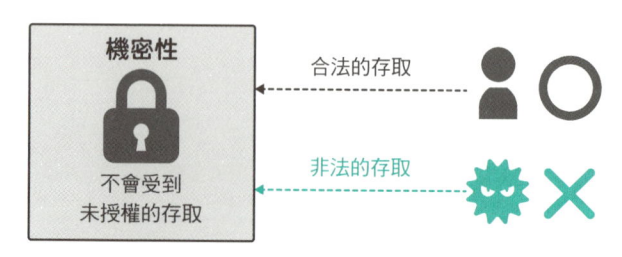

```
機密性
不會受到
未授權的存取
```
← 合法的存取
← 非法的存取

▲ 資訊的機密性

而所謂滿足機密性的狀態，就比如像「**只在必要的階段授予必要的人資料庫的存取權限**」的狀態。相反地，沒有滿足機密性的狀態，用企業常發生的案例來說，就比如「離職員工的帳號遲遲沒有刪除，且該帳號依然可以連接公司內的系統」、「給予部長的具有編輯權限的帳號，開放給部門內的員工共用」等等情況。

除了以上管理不當的例子，下列的網路攻擊也可能會破壞資訊的機密性。

- **針對密碼的攻擊**（參照 ㊽ ㊾ ㊿ ）
- **注入攻擊**（參照 54 55 56 ）
- **緩衝區溢位攻擊**（參照 57 58 59 ）

這些攻擊都會導致**非法存取**或**假冒**的情況。所謂的非法存取，指的是沒有權限的人透過駭入等方式非法存取資料。而假冒則是指透過釣魚等手法取得資訊後，冒充成有權限的存取者。無論哪種情況都會導致資料外洩、篡改、破壞等情況，因此必須透過以下手段進行防禦。

- **加密**（參照 ㊱ ）
- **存取限制、存取控制**（參照 ㉔ ）

所謂的**存取限制**，是指只讓必要的人存取資料，非必要者一律無法存取資料。設定合適的存取限制，讓必要的人可以存取到需要的資料，除此之外的人都不能存取，這樣的管理行為就稱為存取控制或授權。關於授權的部分，我們會在 ㉔ 詳細說明。

資訊安全的三大要素　　　　　　　完整性的定義　電子簽章

20 完整性

所謂的**完整性**(Integrity)，指的是**資訊沒有受到意圖外的方式改變，維持一致性**的狀態。只要確保完整性，資訊就不會因為故意或意外遭到非法篡改或刪除。

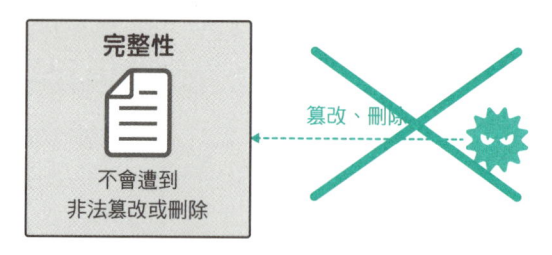

完整性
不會遭到
非法篡改或刪除

篡改、刪除

▲ 資訊的完整性

諸如交易證明[※14]和銀行的帳戶資訊，都是我們身邊特別重視完整性的資訊。比如，假設某銀行帳戶中有100萬元的餘額，如果

54

無法確保資訊的完整性,那麼這個帳戶的餘額就有可能被篡改成1萬元。單從這個例子,就能看出完整性有多麼重要。

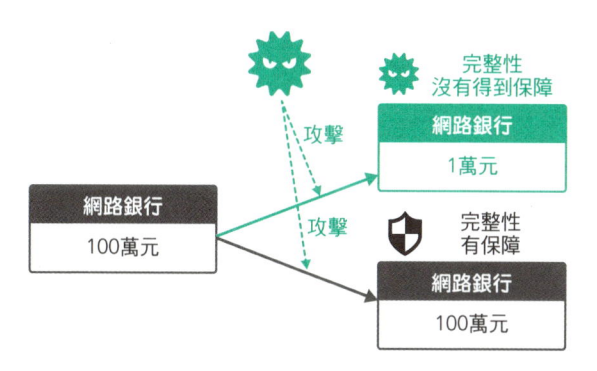

▲ 特別重視完整性的資訊一例

除此之外,重要的合約或交易資訊、證書等的內容也必須防止被篡改,否則便會在可信任性方面衍生各種問題。

針對資訊完整性的攻擊,大致上就跟針對機密性的攻擊是一樣的。換言之,就是透過各種攻擊手段來進行**非法存取**或**假冒**。只要攻擊者透過上述手段非法竊取並篡改資料,資訊的完整性就會受到破壞。

至於防禦對策,也跟確保資訊機密性的對策一樣,包含**加密、存取限制、存取控制**等等。除了這些方法之外,可以檢測資料是否遭到變更的**電子簽章**機制也是很有效的對策。所謂的電子簽章,是一種可保證簽名者為本人或內容沒有遭到篡改的機制。這項技術已被運用在企業間的合約書、虛擬貨幣的交易、行政服務的申請等各式各樣的場合上。而電子簽章便是用 ㊱ 將會介紹的加密技術實現的。

※14 在日本有個專有名詞,稱為「証跡」,即可作為證據的痕跡。這是商業界廣泛使用的詞彙,可當作証跡的東西有很多種,在IT領域中,資訊設備或系統中的使用紀錄等即屬於証跡。

資訊安全的三大要素 / 可用性的定義 / DoS攻擊

21 可用性

可用性（Availability），指的是使用者**隨時都能存取合適的資訊**，資訊隨時都可正常使用的狀態。

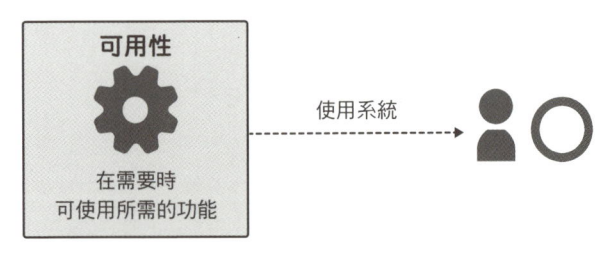

可用性

在需要時
可使用所需的功能

使用系統 →

▲ 資訊的可用性

比如，現代的售票系統網站都被要求必須在大量使用者於短時間內集中湧入訂票時也不會當機，可以繼續正常地售票，這便是可用性。萬一**門票10點開賣，售票網站的伺服器卻在10點的時候當機，那大家都會很傷腦筋**。這便是「**可用性受損**」的例子。

　　關於售票網站的例子，還有更多可以討論的部分。比如當該網站的使用者的帳號密碼遭到篡改時，一方面是資訊的完整性受到損害，同時合法使用者也會因此無法登入帳號使用網站，所以也會損害到可用性。而針對資訊可用性的攻擊，包含了以下幾種。

- **DoS攻擊、DDoS攻擊**
    - 短時間大量存取提供服務的伺服器，使其當機
- **勒索軟體**
    - 加密資料使其無法使用
- **注入攻擊、緩衝區溢位攻擊**
    - 非法篡改服務使其無法使用

而防止資料可用性被侵害的對策，則有以下幾種。

- **強化伺服器**
    - 提高處理能力以防當機
    - 偵測DoS攻擊並加以屏蔽
- **引進可偵測、防止非法存取的軟體**（參照 ㉘）
    - 偵測攻擊，確保通訊正常
- **預防感染惡意軟體**
    - 安裝防毒軟體
    - 將OS和應用程式保持在最新狀態

安全的基本要素① 驗證

驗證的定義 / 登入驗證

22 什麼是驗證？

經過前面的說明，相信你應該已經了解「網路安全是什麼」了。因此從本節開始，我們將繼續介紹可以確保資訊的 CIA，使資訊維持在安全狀態的方法。第一種便是<u>驗證</u>。

在資訊領域，驗證指的是**確定一個人是否為本人的手續**。

這類驗證步驟充斥在日常生活中的各個角落。比如在郵局櫃台領取之前不在家沒領到的掛號，或是在銀行櫃檯提取高額現金時，通常都必須出示身分證，讓櫃台職員比對身分證上的照片與臨櫃者的長相，確定是不是本人。

網站的**登入驗證**也一樣,會像金融機關的櫃台一樣檢查你是不是本人。通常網站的使用者都會被分配一個帳號(使用者名稱),以及一個只有該使用者知道的密碼。在登入驗證時,系統會要求使用者輸入帳號和密碼,檢查這組帳號密碼跟先前註冊的資料是否一致,藉此確定你是不是本人。

▲ 登入驗證的原理

要確保資訊的機密性和完整性,就必須限制或控制資料的存取(參照 24)。而要讓這些策略正常發揮功能,就必須確定前來申請存取的是不是本人。而驗證便是確定對方是否為本人的手段,可說是確保資訊安全的基本技術之一。

同時,驗證對使用者來說也有好處。藉由確定使用者是否為本人,就能為每個使用者提供個人化的服務。比如我們如今能透過網路查看銀行存款的餘額,就得感謝驗證技術。因為如果無法確定是不是本人,我們的存款餘額就可以被其他人看見,或是擅自變更服務的內容。因此**驗證乃是支撐資訊安全的基礎技術**。

安全的基本要素① 驗證　　　　　　　驗證的種類　兩階段驗證

23 驗證的種類

除了登入驗證之外，驗證還有其他很多種類。它們大致上可分為以下三種。

1. **知識驗證**
2. **持有物驗證**
3. **生物驗證**

　　讓我們一個一個來看。首先是**知識驗證**。這是一種基於只有特定對象才知道的知識進行驗證的方式，比如**密碼**就屬於知識驗證的一種。

由於密碼通常會設定成「只有設定者本人才知道的字串」或是「由系統自動生成，但只有本人看過的字串」，因此**能出示該知識的人就等於本人**，這便是密碼驗證的原理。簡單來說，這種驗證的前提是「只有本人知道設定成密碼的字串」，所以不能輕易把密碼告訴別人，或是使用可以輕易猜到的字串當密碼。

　　第二種是**持有物驗證**。也就是使用駕照、會員卡等帶有照片的身分證明文件，或是裝有IC晶片的ID卡等只有本人才持有的物品進行驗證。IC晶片的情況，晶片中通常存有一組獨特[※15]的資訊，用以確實區分本人和其他人。

　　最後一種是**生物驗證**（原生驗證、生物辨識）。也就是透過指紋或手指的靜脈紋路、臉部、虹膜等每個人都不一樣的生物特徵來確定你是不是本人。比如現在很多手機和電腦都有使用指紋辨識或臉部辨識的功能。相信用過這些功能的人都知道，在使用生物辨識時，必須事先在機器中登錄辨識用的資料來提供比對。

| 知識驗證 | 持有物驗證 | 生物驗證 |

▲ 三種驗證

　　另外，近年很多服務也開始推動「用簡訊將驗證碼發送到只有本人持有的手機上，再請使用者輸入驗證碼」這種組合「知識驗證」和「持有物驗證」的驗證方式（**兩階段驗證**）。

※15　這裡說的「獨特（Unique）」，是「獨一無二」或「唯一」的意思。

▲ 兩階段驗證的流程

　　由於兩階段驗證必須驗證兩次,因此手續會更麻煩。然而,密碼這類知識驗證一旦密碼被第三方盜取或外洩,驗證就會被輕易突破,具有一定的風險。組合其他的驗證方式,就是為了降低這個風險。

　　在驗證密碼的同時也進行簡訊驗證,攻擊者就必須同時取得密碼和發送到手機上的簡訊才能成功假冒身分。如此一來,攻擊的難度將會一口氣上升。

　　雖說並非萬無一失,但比起只進行知識驗證,兩階段驗證的**風險明顯低得多**。

安全的基本要素② 授權　　　　　　　　授權的定義　存取控制

24 驗證與授權的差異

驗證的目的是「確定是否為本人」，是支撐資訊安全的基礎技術之一。但是，即便確定存取者並非假冒者，也不代表能無條件為通過驗證的使用者提供所有服務。

比如影音串流服務大多都有「只有高級會員才能觀賞所有影片，普通會員只能觀賞一部分內容」的限制。這種「控制哪些使用者可以存取哪些內容」來**確保資訊機密性的手段，便是俗稱授權或存取控制的技術**。

如果想讓高級會員和普通會員存取不同的內容，首先必須先進行驗證，也就是確認帳號的使用者為本人，然後再限制該使用者可存取的服務範圍。這個步驟就叫做**授權**。

3 網路安全的基本觀念

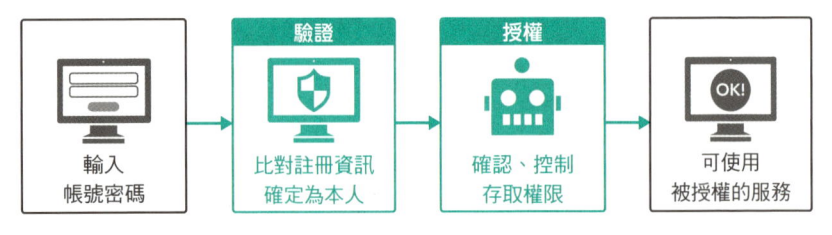

| 輸入
帳號密碼 | **驗證**
比對註冊資訊
確定為本人 | **授權**
確認、控制
存取權限 | 可使用
被授權的服務 |

▲ 驗證和授權的差異

　　因為授權的意思就是控制存取權,所以又被稱為**存取控制**。驗證和授權這兩個詞聽起來有點類似,但驗證的目的是檢查是否為本人,而授權的目的是控制存取權,意義並不相同。

　　對於絕大部分要求身分驗證的服務,通常也都需要授權。因為驗證的目的,就是要給確定為本人的「訪問者」提供(授權)必要的功能。

　　比如,我們在網路商店中註冊的姓名與信用卡號等個人資料,通常不會希望被沒有權限的其他人看見。

　　線上試驗也一樣。應試者必須自己閱讀問題並填寫答案,無法偷看別人的答案或直接查看解答。另一方面,閱卷者則有權限存取所有應試者的回答。由此可見,驗證和授權就是為了**給每名使用者提供他們所需的功能**而存在的。

安全的基本要素② 授權　　　　授權的種類　最小權限原則

25 授權（存取控制）的種類

授權的手段有以下四種。

1. **基於使用者的驗證**
2. **自由選定存取控制**
3. **強制存取控制**
4. **基於角色的存取控制**

　　第一種是**基於使用者的驗證**。這種方法會針對每個接受驗證的個人決定可存取的內容，通常用於那些只應該被特定個人存取的

65

資訊。

　　比如,限制只有註冊者本人才能存取寫有本名和住址等個人檔案的頁面,就屬於此類。

　　除此之外,有時我們會希望依照群體來設定存取權。比如在管理「普通會員」和「高級會員」分別能看到哪些影片時,比起個別去設定每名會員的存取權限,直接針對「普通會員」和「高級會員」這兩個群組設定存取權限會更有效率,也比較不容易出錯。這就叫**自由選定存取控制**（DAC：Discretionary Access Control）。

　　在自由選定存取控制中,系統或檔案的所有者或管理者,可以決定、變更系統或檔案的各使用者的存取權限。由於這個方法非常方便,因此**Linux**[※16]的檔案存取權限設定便是使用這套方法。

　　然而,把存取權限的管理直接交給使用者並不安全,所以在強化了系統安全的Linux模組**SELinux**[※17]中,採用的是**強制存取控制**（MAC：Mandatory Access Control）方法。在強制存取控制中,就連檔案的擁有者（即系統的使用者）對檔案的存取權限也是由系統管理者來管理。雖然很不方便,但這麼做可以避免不小心給予太多權限,導致意料外的安全損害。另外,這也符合**最小權限**的精神。關於最小權限,我們會在㉛詳細說明。

※16　跟Windows和macOS一樣,也是一種OS。Linux是**開源**（原始碼向公眾公開,且可自由使用的程式）的OS,被用於控制家電等產品。
※17　一種安全OS。關於安全OS的部分,會在㊶詳細介紹。

除了以上三種存取控制方式外，還有一種針對不同角色分配權限的方式，稱為**基於角色的存取控制**。雖然自由選定存取控制也可以基於群組來管理存取權限，但自由選定存取控制的群組必須預先分好，而基於角色的存取控制則可以自由地分配角色。

以 ㉔ 舉的線上考試網站為例，應試者和閱卷者的權限必須如下表這樣切分。

資料	應試者	閱卷者
考題	可檢視，不可編輯	可檢視，可編輯
應試者的回答	可編輯	不可編輯，可檢視
所有人的回答	不可檢視	可檢視

應試者可以閱讀問題，並回答題目，但不能查看別人的答案或正確解答。另一方面，閱卷者不只能檢視，也能編輯考題，也能檢視所有應試者的回答。

依照角色設定權限，就能讓系統做出正確的授權行為。這便是基於角色的存取控制的概念。只要套用這個規則，那麼管理者就只需要判斷每個人各自屬於什麼角色（應試者或閱卷者），就能為每種角色提供正確的功能。

安全的基本要素③　加密

加密　解密　TLS

26 什麼是加密？

　　驗證和授權的目的是檢查使用者的身分和控制使用權限，只讓適合檢閱和編輯資料的人進行相關操作。

　　另一方面，接下來要介紹的加密，則不是把焦點放在使用者身上，而是**讓資料和通訊本身無法被未獲得許可的人閱讀或編輯的技術**。

　　這些技術的目的都是保護資料的機密性與完整性。只允許需要的人存取，不允許假冒身分，以及未經授權的編輯，乃是資訊安全的基本要素，而加密技術也是為了實現這些要素而創造出來的。

所謂的**加密**，也就是將文章轉換成無法閱讀的亂碼，保護資料不被第三者看見的手法。加密後的文章雖然無法直接閱讀，但只要是擁有金鑰的人，就能使用金鑰復原被加密的文章（**解密**）。

```
正常的文章（明文）      加密 🔑      密文
   網路安全      ←——— 🔑 解密      AN@AEJ0M/E
```

▲ 加密和解密

生活中最常見的加密範例，就是網頁的傳輸。比如在登入網路商店時，輸入帳號密碼的頁面網址一般不會是「http://」，而是「https://」。而所有「https:」開頭的網址，通訊都經過 **TLS**（<u>Transport Layer Security</u>）這種方式加密。以前的網頁用的是SSL加密協定，所以有些地方會寫成TLS／SSL。但SSL在2023年已全面廢止。

```
← → C 🔒 https://www.ohmsha.co.jp
```

　　　　　　　　　　　http後面帶s，所以是TLS協定
　　　　　採用TLS協定的網址旁邊會有鎖頭圖標

▲ 網頁使用TLS協定時的瀏覽器網址列

只要替登入時的資料傳輸過程加密，就算通訊遭到非法攔截，密碼也不會因此外洩。相反地，若發現輸入帳號密碼的頁面網址是「http://～」開頭，代表這個網頁的通訊可能並未加密，必須要特別留意。

關於加密的技術與種類，我們會在**Chapter 4**詳細介紹。

安全的基本要素④　監控、偵測、阻斷　　　　　　　　　　　　監控 / 日誌

27 什麼是監控？

在物質世界，有時會使用監控的方法進行防盜工作。代表性的例子便是監視攝影機。有些人會在自己的住家或公寓門口安裝監視攝影機（防盜攝影機），記錄建築物的出入狀況；公共交通設施的車站或百貨公司也常常裝設監視器來監視建築物內部的狀況。這些紀錄可被用於犯罪的搜查等。

而在網路安全領域，有時**監控**也是一種很有效的方法。只不過此時監控的對象是**在網路上流動的資料、保存在電腦中的檔案，以及電腦系統的操作或處理紀錄**（日誌，Log）。

日誌是電腦軟體的術語，是一種**記錄了資料的傳輸或程式處理內容的檔案**。每台電子設備或應用程式都會有自己的日誌，其中記錄了分析這些軟硬體所需要的資訊。內容通常包含軟硬體上發生的事件、發生時間等等，由一串串的英文和數字組成，並以文字檔（txt）或表單（csv）等檔案格式保存。比如下圖就是記錄了網路通訊事件的**網路通訊日誌**範例。

```
17:22:50.284750 IP6 brandon.59463 > ff02::1:3.5335: UDP, length 45
17:22:50.284890 IP  brandon.59463 > 224.0.0.252.5335: UDP, length 45
17:22:50.700747 IP6 brandon.59463 > ff02::1:3.5335: UDP, length 45
17:22:50.700875 IP  brandon.59463 > 224.0.0.252.5335: UDP, length 45
17:22:55.091902 IP  brandon.51198 > 239.255.255.250.1900: UDP, length 175
17:22:56.103262 IP  brandon.51198 > 239.255.255.250.1900: UDP, length 175
17:22:56.243963 IP6 brandon.53760 > ff02::1:3.5335: UDP, length 90
17:22:56.244102 IP  brandon.53760 > 224.0.0.252.5335: UDP, length 90
17:22:56.661753 IP6 brandon.53760 > ff02::1:3.5335: UDP, length 90
17:22:56.661901 IP  brandon.53760 > 224.0.0.252.5335: UDP, length 90
17:22:57.106216 IP  brandon.51198 > 239.255.255.250.1900: UDP, length 175
17:22:58.112943 IP  brandon.51198 > 239.255.255.250.1900: UDP, length 175
17:23:02.165441 IP6 brandon.59756 > ff02::1:3.5335: UDP, length 42
17:23:02.165629 IP  brandon.59756 > 224.0.0.252.5335: UDP, length 42
17:23:02.519431 IP6 brandon.59756 > ff02::1:3.5335: UDP, length 50
17:23:02.519533 IP  brandon.59756 > 224.0.0.252.5335: UDP, length 50
17:23:02.519550 IP  brandon.137   > 224.0.0.252.5335: UDP, length 42
17:23:04.033611 IP  brandon.137   > 224.0.0.252.137:  UDP, length 50
17:23:05.547103 IP  brandon.137   > 224.0.0.252.137:  UDP, length 50
17:23:18.692705 IP  brandon.17500 > 192.168.44.255.17500: UDP, length 236
17:23:19.088530 IP6 brandon.55906 > ff02::1:3.5335: UDP, length 46
17:23:19.088576 IP  brandon.55906 > 224.0.0.252.5335: UDP, length 46
17:23:19.499187 IP6 brandon.55906 > ff02::1:3.5335: UDP, length 46
17:23:19.499212 IP  brandon.137   > 239.255.255.250.137: UDP, length 46
17:23:19.499213 IP  brandon.55906 > 224.0.0.252.5335: UDP, length 46
17:23:21.083225 IP  brandon.137   > 239.255.255.250.137: UDP, length 50
17:23:22.506780 IP  brandon.137   > 239.255.255.250.137: UDP, length 50
17:23:48.890745 IP  brandon.17500 > 192.168.44.255.17500: UDP, length 236
17:24:00.630173 arp who-has 192.168.44.2 tell brandon
17:24:01.854331 arp who-has 192.168.44.2 tell brandon
```

▲ 通訊日誌一例

　　這份日誌檔中列出了系統「曾經跟哪裡的誰進行過哪類通訊」。以最上方那行為例，當中記錄了下圖所示的內容。

通訊時刻	發訊方的電腦名稱和通訊埠		通訊協定	
17:22:50	284750 IP6 brandon.59463	> ff02::1:3.5335:	UDP,	length 45
	通訊的種類（IP）	目標IP位址	通訊資料大小	

▲ 通訊日誌的組成

日誌檔中會記錄各種設備或應用程式所需的資訊種類。比如伺服器的通訊日誌檔會記錄「系統在何時從哪個IP位址收到通訊請求」。而在應用程式中，則會記錄登入的使用者資訊，以及登入時間、該使用者做了哪類操作、登出時間等等。除此之外，像是路由器的日誌檔也會記錄曾嘗試連接該路由器無線網路的紀錄、驗證失敗的紀錄，以及頻道轉移時的紀錄等等。

日誌的種類	會記錄日誌檔的東西
・通訊日誌 ・事件日誌 ・存取日誌 ・驗證日誌 ・操作日誌 ・錯誤日誌	・手機 ・電腦 ・路由器 ・伺服器 ・應用程式

▲ 各式各樣的日誌檔

監控、檢查這些日誌，就能**發現網路攻擊的徵兆**，或是**在遭到攻擊時迅速阻斷通訊**。同時，記錄日誌檔也有助於調查「誰在何時登入過系統」、「登入者進行過哪些操作」等事件，釐清遭受攻擊時對方的攻擊手段和受害情況。假如缺少所需的日誌檔，我們有可能連自己遭到損害都無法發現。

而要監控日誌和偵測攻擊徵兆，通常會用到下一節介紹的IDS／IPS技術。

專欄 4　網路安全的各種資格證照

在日本，資訊安全領域有個權威的國家證照，叫**情報處理安全確保支援士**（以下簡稱：**認證資安士**）。這是給IT系統的設計者或專案管理者考的證照，合格率只有2成左右，難度很高。

認證資安士原本屬於**情報處理技術者試驗**的一部分，名叫「資訊安全專家」的認證。所謂的情報處理技術者試驗，是一個由12類試驗構成的資訊類日本國家證照群；而認證資安士原本只是其中一種證照，但從2017年的春天開始成為獨立的證照。

情報處理技術者試驗主要是給軟體工程師等資訊類技師考取的高專業性證照，但也有像是**IT護照試驗**這種給非技師的社會人士考取的基本IT知識認證。另外，日本還有一種考試叫**資訊安全管理試驗**（以下簡稱：**資安管理**），這是給企業主管考的資訊安全證照。如果你想在日本取得資安相關的證照，可以先從IT護照開始考，然後慢慢提升技能，並以認證資安士為目標。

除了國家認證以外，民間也有像是針對雲端安全的**AWS Certified Security**等證照。

而若把視野擴大到全球，**CISSP**（**Certified Information Systems Security Professional**）可以說是資安領域最具權威性的國際認證資格。在資安業界，只要名片上印上CISSP，大家就會格外尊敬你。由此可見該考試的難度有多高，而且還需要5年以上的實務經驗才能考，要維持資格還需要繳交費用。

安全的基本要素④ 監控、偵測、阻斷

防火牆　IDS　IPS　SOC　CSIRT

28 偵測攻擊並加以阻斷的系統

物理性的監控主要是針對建築物的入口或內部，而網路安全領域的監控，則是針對網路空間。具體來說，是監控特定企業或組織的網路空間是否被入侵。

而負責這項工作的，則是**防火牆**、**IDS**、**IPS**等機器或技術。這些機器會監控從網路空間連入的通訊資料內容，並在偵測到非法通訊時阻斷該通訊。

所謂的**防火牆**，原本是指現實中用於防止火災延燒的防火牆面。當火災發生時，如果建築的走廊設有防火牆，就能防止火勢蔓延到起火點以外的地方。

而網路安全領域中的防火牆也扮演著類似的角色。**防火牆被設置在外部網路和企業內網或個人電腦之間**，它會監控是否有來自外部的非法存取行為，並在發現時阻斷該存取。

　　IDS（Intrusion Detection System）又叫**入侵檢測系統**，是一種用來監控從外網連入之通訊資料的設備或軟體。在這方面，其角色跟防火牆一樣，但IDS的特點是會在偵測到有威脅的通訊時警告管理者，可以採取更多樣的行動。

　　IPS（Intrusion Prevention System）又叫**入侵預防系統**，負責在IDS偵測到威脅時採取阻斷行動，不讓有威脅的通訊觸及內部網路。由此可見IDS和IPS的角色是互補關係，通常會一起引進。

　　而利用IDS／IPS等技術隨時監控企業或組織內的系統或網路的團隊，則稱為**SOC**（Security Operation Center）。還有另一個常聽到的網路安全詞彙是**CSIRT**（Computer Security Incident Response Team），這是一種負責應對資安事件的組織，跟主要負責監控、發現事故以及警告的SOC在功能上有所不同。有些公司會直接在內部組建SOC和CSIRT部門，也有些會選擇跟外面的包商簽約。

安全的基本要素⑤　管理與治理　　ISMS　風險評估

29 管理組織與人

面對網路攻擊的威脅，即使運用驗證和授權等防禦技術打造嚴密的防禦網，也無法保證萬無一失。這是因為**使用這些技術的始終是人類和人類的組織**。

不論建立多麼嚴格的密碼驗證系統，如果使用密碼的人直接把寫著密碼的便條紙貼在螢幕上，那就沒有任何意義。或是在沒有加密的情況下把應該加密的檔案傳給公司外的人，又或者是從來沒有替自己設備上的OS安裝安全性更新。

不論引進多麼優秀的系統，如果沒有妥善管理使用系統的人或組織，就無法降低網路攻擊的風險。因此，企業等組織必須建立

76

規範，讓組織內的人能夠採取正確的行動，並經常檢查人員是否確實遵守安全規範，進行管理和治理。

組織內用於管理資訊安全的機制俗稱**資訊安全管理系統**（**ISMS**）。ISO/IEC 27001（參照 ⑰）標準明確規範了ISMS的內容，明定ISMS必須包含風險評估的設計和實施內部監察。

所謂的**風險評估**，就是檢視職場內可能存在哪些風險，並排出優先順序、制定對策，在風險發生時加以記錄和應對等一連串的流程。在網路安全領域中，通常會要求組織檢討自家公司或服務可能遭受哪些攻擊，並事先研擬實際遭到攻擊時的對策。在 ㉝ 將會介紹的威脅分析中，也同樣會進行風險評估。不過ISMS中的風險泛指所有對組織的風險，而威脅分析中的風險是指對於系統的風險。但做風險評估的本質意義是相同的。

日本有一套用於審查組織所設計、運用的ISMS是否合宜的制度，稱為**ISMS適合性評價制度**。只要通過這個制度的審查，即可取得**ISMS認證**。雖然取得認證必須花費一些費用，但可有效提高組織的安全性並降低風險，也能向外國的夥伴或機構證明自己的安全性符合國際標準。有時要接日本的地方政府或中央政府機構的案子，也必須先取得ISMS認證。

安全的基本要素⑤　管理與治理　　網路安全基本法　非法存取禁止法

30 法律與制度的制約

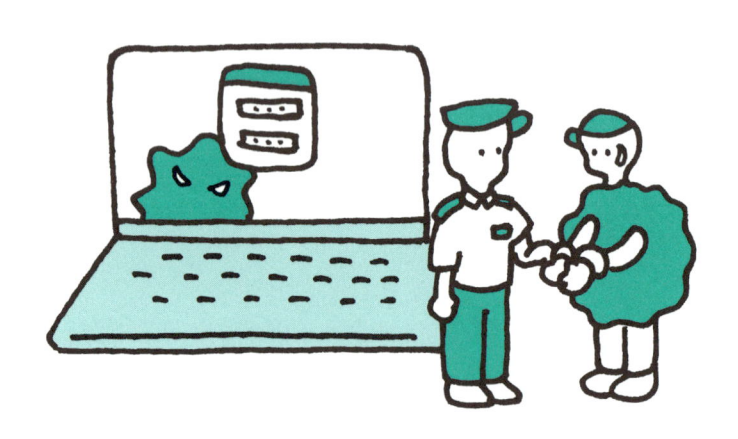

除了組織內部的規範外，也必須遵守網路安全相關的國家法律。日本跟網路安全有關的代表性法律，有**網路安全基本法**和**非法存取禁止法**（註：台灣則有資通安全管理法；香港涵蓋電腦相關罪行條例有電訊條例第106章、刑事罪行條例第200章和盜竊罪條例第210章）。此外，日本在刑法上也有**電腦病毒製作罪、非法指令電磁紀錄相關罪、電子計算機損壞等業務妨害罪**等等。以下我們介紹其中幾條。

非法存取禁止法，明文禁止未經許可使用他人的帳號和密碼，並藉此變更資訊的行為。比如，假設你偶然瞄到某人的網路銀行帳號密碼，然後未經當事人許可使用該組帳號密碼登入他的帳號，光是這樣就會觸犯該法律。

> 帳號・密碼

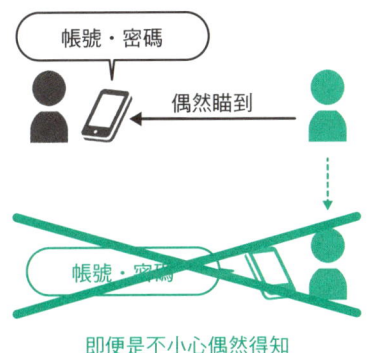

← 偶然瞄到

帳號・密碼

即便是不小心偶然得知
也不能在未經本人許可下使用

▲ 違反非法存取禁止法的例子

而非法指令電磁紀錄相關罪,則是用於處罰製作惡意軟體或電腦病毒的罪刑。製作惡意軟體的人當然有罪,但取得、保存惡意軟體或相關程式的行為也可能被問罪。比如在下述的例子中,前者符合**保存電腦病毒**,後者則符合**以使惡意軟體在他人的計算機上執行為目的**的罪刑。

- 下載其他人在匿名討論區上傳的惡意軟體,但沒有使用
- 受人委託在他人的手機上安裝遠端操控App

由於這些罪名的成立要件是「沒有正當理由」,因此不一定做了就會馬上被定罪。然而,為了避免在不知情的情況下做出傷害他人的行為,我們有必要認識到法律上存在著此類犯罪。

安全設計的原則 　　　　　　　　　　　　最小權限原則　存取控制

31 什麼是最小權限原則?

網路安全是透過組合前面所介紹的「驗證、授權、加密、監控、管理」等技術實現的。為了有效運用這些技術,還必須配合能**給予使用者適當存取權限**的系統設計。而在設計階段,其中一個很重要的概念便是**最小權限原則**。

所謂的最小權限原則,即是「在授權時只給予最少權限」的安全設計理念。但光是這麼說恐怕很難理解,所以下面我們通過一個簡單的例子來看看這是什麼意思。

假設你家裡有一個從未用過菜刀的小孩子，而有一天他自己跑進了廚房。他進廚房可能只是想從冰箱拿飲料，也有可能是想幫你端盤子，因此進廚房這件事本身並沒有什麼問題。然而，你應該不會希望他隨便亂碰菜刀或是瓦斯爐之類的器具，因為可能會發生危險。

　　為了預防這類情形，一般人通常會將菜刀放在小孩子碰不到的地方，或禁止小孩子靠近瓦斯爐周邊，設下諸如此類的限制，避免小孩子做出危險的行為。而這類限制，都是防範意外發生的安全措施。

　　接著讓我們把這套邏輯搬到App上來。由於App運作時必須存取資料庫中的某些檔案，所以使用時必須賦予App「從資料庫中存取檔案的權限」。

　　然而，假設某款App除了給予讀取資料的權限，還給了寫入資料的權限。在一般使用時，應用程式只會對資料庫進行「資料的讀取」，所以不會遇到什麼問題。然而，假如有人透過網路攻擊奪取了App的控制權，被控制的App就有可能嘗試去竄改資料庫中的資料。此時，**如果App擁有資料的寫入權限，攻擊者就能成功進行非法的編輯**。

　　所以說，提前設想萬一App或系統遭遇網路攻擊而被奪走控制權的情況，只給予最小的權限，防止損害擴大，是一個很重要的預防對策。這就叫做最小權限原則，是網路安全設計的基本觀念。

安全設計的原則　　　　　　　　入口對策　內部對策　出口對策

32 多層防禦與多重防禦

　　安全設計的另一項重要要素，是**防禦的體制**。系統或網路的防禦有**多層防禦**和**多重防禦**兩種。首先讓我們先介紹多層防禦的部分。

　　所謂的**多層防禦**，如次頁上圖所示，就是將抵禦外部攻擊的防禦分成**入口對策**（防止侵入）、**內部對策**（防止擴大）、**出口對策**（防止外洩）這三個階段的設計思維。

　　入口對策用於防止外部的入侵，比如IDS的偵測網，以及防火牆和IPS的阻斷機制都屬於入口對策。而內部對策用於降低被成功入侵時的損害，比如存取控制和日誌監控等措施皆屬於內部對策。另外對於勒索軟體，資料的備份也屬於一種內部對策。至於出口對策，則是用於防止損害擴大或資訊外流，比如加密、行為偵測（參照 45）、引進WAF（參照 52）等皆屬於此類。

82

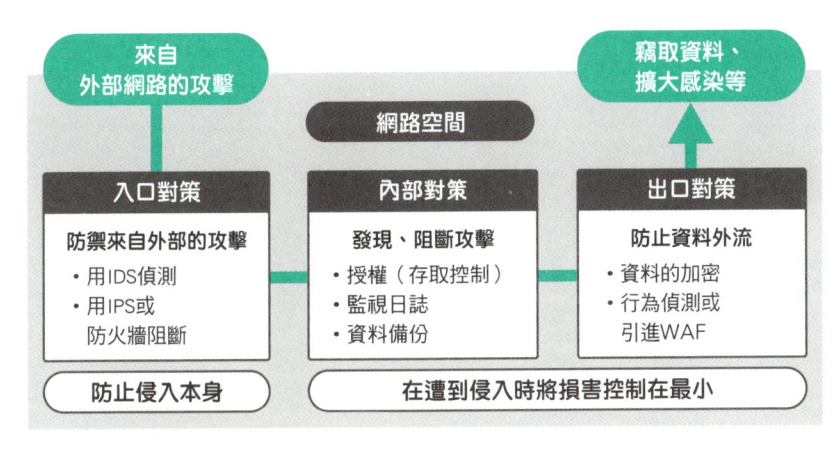

```
┌─────────────┐                              ┌─────────────┐
│   來自      │                              │  竊取資料、 │
│外部網路的攻擊│                              │  擴大感染等 │
└──────┬──────┘      ┌──────────┐            └──────▲──────┘
       │             │ 網路空間 │                   │
       │             └──────────┘                   │
┌──────▼──────┐   ┌─────────────┐           ┌──────┴──────┐
│  入口對策   │   │  內部對策   │           │  出口對策   │
├─────────────┤   ├─────────────┤           ├─────────────┤
│防禦來自外部 │   │發現、阻斷攻擊│          │防止資料外流 │
│的攻擊       │   │・授權（存取控制）│      │・資料的加密 │
│・用IDS偵測  │──▶│・監視日誌   │──────────▶│・行為偵測或 │
│・用IPS或    │   │・資料備份   │           │  引進WAF    │
│  防火牆阻斷 │   │             │           │             │
└─────────────┘   └─────────────┘           └─────────────┘
┌─────────────┐   ┌─────────────────────────────────────┐
│防止侵入本身 │   │    在遭到侵入時將損害控制在最小     │
└─────────────┘   └─────────────────────────────────────┘
```

▲ 多層防禦的構造

另一方面，**多重防禦則是指採用好幾重入口對策以防止非法入侵的防禦體制**。過去的資安對策都是多重防禦，聚焦在如何防止系統被人入侵。然而，近年的網路攻擊手法變得更多樣、更精巧，無論如何強化入口對策，遭到入侵的案例還是不斷攀升。因此，即使遭遇入侵也能防止重要資訊外流的多層防禦，近幾年已成為安全設計的主流思維。

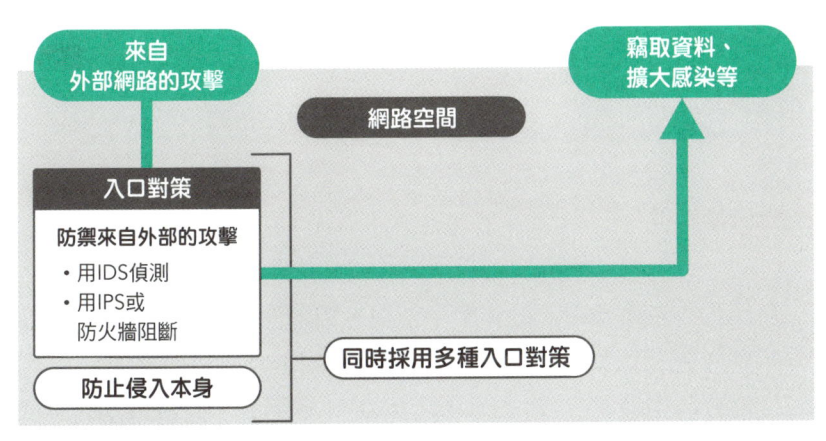

```
┌─────────────┐                              ┌─────────────┐
│   來自      │                              │  竊取資料、 │
│外部網路的攻擊│                              │  擴大感染等 │
└──────┬──────┘      ┌──────────┐            └──────▲──────┘
       │             │ 網路空間 │                   │
       │             └──────────┘                   │
┌──────▼──────┐                                     │
│  入口對策   │─────────────────────────────────────┤
├─────────────┤                                     │
│防禦來自外部 │                                     │
│的攻擊       │                                     │
│・用IDS偵測  │─────────────────────────────────────┤
│・用IPS或    │                                     │
│  防火牆阻斷 │                                     │
└─────────────┘        ┌─────────────────────┐      │
┌─────────────┐        │  同時採用多種入口對策 │────┘
│防止侵入本身 │        └─────────────────────┘
└─────────────┘
```

▲ 多重防禦的構造

33 分析威脅

安全設計的原則 / 威脅分析

既然網路安全的定義就是「防禦網路攻擊」,那麼**提前思考對方會如何發動攻擊,我方又該如何應對攻擊,自然也就十分重要**。因為如果不去設想「對方會用什麼方式攻擊」,就無法研擬防禦戰略。

這種「預想攻擊」的作業,就稱為**威脅分析**(風險分析)。威脅分析在軟體或系統的開發設計階段是一項很重要的技術。這是因為,當軟體或系統已有一定的完成度時,便很難中途再追加特定的防禦功能,最極端的情況可能還必須整個推倒重做。

因此，在系統開發的設計階段（**上游工程**[※18]），威脅分析的概念會發揮很重要的作用。

威脅分析的執行步驟如下。

①明確資產

明確所開發之系統所處理的資訊或服務中，有哪些是對自己或公司特別重要或一旦遭受損害就會帶來麻煩的部分，亦即必須保護的對象。這些就稱為**資產**。

②思考資產可能面臨的威脅

篩選出資產後，接著要分析這些資產在遇到何種情況時會蒙受損害，也就是找出**威脅**。比如若資產是「個人資訊」，那麼它所面對的威脅就是「外洩」。

③設想可使威脅變成現實的具體攻擊

找出威脅後，下一步便是思考有哪些具體攻擊手段能令這些威脅成真。以個資外流的威脅為例，其攻擊手段包含「攻擊者假冒身分登入系統，竊取個資」等等。

此時，如果要再想得更具體的話，還可以繼續往下分析，明確情境中的條件。比如「假冒身分的手法」就有點太模糊，可以改為設想「釣魚」等更具體的手段。

※18　在系統開發中，「明確系統的用途與功能並決定規格」等系統整體的設計工作稱為上游工程，而「依照規格寫程式」等實際動作的作業稱為**下游工程**。這個詞在一般設計領域也經常使用。

④設想攻擊造成的損害危險度（風險評估）

設想好攻擊後，接著還要評估該攻擊造成之損害的危險程度（**風險評估**（參照㉙））。在評估的時候，一般會檢討該攻擊發生的可能性有多高，以及造成的損害有多大等等。

⑤對於高風險的情境研擬對策

若風險評估後發現有某些項目的危險度很高，就要進一步研擬對策。

以上便是威脅分析的大致步驟。分析完的內容可以整理成圖表的形式，分享給團隊中的所有人，如此對於網路安全的設計會更有幫助。此外，在發生**安全事件**（網路安全的相關事件、意外）時，也要按照威脅分析的結果進行應對。

本節介紹的是以資產為起點的分析方法，但除此之外還有其他幾種威脅分析的做法。詳細的資料IPA都有公開[19]，有興趣的人請自行上網查詢。

當然，除非你是系統開發者或是組織內的資安負責人這類專家，否則應該不需要這麼詳細的分析和因應對策。不過即使是一般民眾，在購買新資訊設備或App時，若能具備①和②的觀念，就能意識到「這台設備可能遇到何種危險」，並加以防範。

※19　IPA｜控制系統的安全風險分析指引第2版：
　　　https://www.ipa.go.jp/security/controlsystem/riskanalysis.html

安全設計的原則　　　　　　　　　　　　　　　　　　　逆向工程

34 光藏起來並不安全

> 3　網路安全的基本觀念

在網路安全的世界，還有一個原則是**不依賴隱藏來保證安全**。「依賴隱藏來保證安全」的意思，也就是透過隱藏或保密一個系統的內部結構等規格，來防止攻擊者攻擊自己的思維。

比如，以手機App為例，手機App都是人類使用程式語言編寫的，但其實電腦並不能直接看懂程式語言。要讓程式語言能被電腦讀懂，還必須先將其翻譯成**機器語言**。這個翻譯的步驟稱為**編譯**（Compile）。

而手機App商店發布的App都是編譯後的版本，一般人無法直接解讀。

87

某些程式的發行者並不希望自己的程式原始碼被使用者看見，或被任意改寫。比如電子遊戲就屬於這一類的程式。

　　想像一下，假設有款遊戲的規則是讓玩家打到高分後就能拿到獎勵。但如果某個玩家發現，只要改寫這個程式的部分程式碼，即使不玩遊戲也能獲得高分。如此一來，這個遊戲的規則就失去意義了。

　　由於市面上發行的應用程式都經過編譯，普通人無法解讀，所以一般我們會覺得不太需要擔心剛剛所說的程式碼被人篡改或解讀的情況。然而，這世上存在很多可以破解隱藏內容的技術，因此除了用 Chapter 4 將介紹的安全加密方式加密過的檔案外，幾乎所有的亂碼或密碼都可以被破解。比如剛剛說的程式碼的例子，就存在反過來將機器語言翻譯回程式語言的**逆向工程**技術。而在遊戲業界，運用逆向工程的**作弊程式**[20]也被視為一大問題。

　　基於以上理由，在設計網路安全時必須捨棄「只要藏起來就安全了」的觀念，**設計出即便程式原始碼被公開，機密資訊也不會暴露給攻擊者或遭到非法篡改的安全機制**。

　　而其中一種方法，就是 Chapter 4 將要介紹的加密。從下一個章節開始，我們將一一來介紹那些融入了前面介紹的網路安全基本要素與思想的具體安全技術。

※20　這裡的作弊是指違反遊戲規則的意思。在遊戲中，作弊程式泛指「對玩家帶來極大優勢，但違反開發者意圖的非法程式」。

Chapter 4

認識
保護資訊的
技術

本節，我們將介紹實現Chapter 3所說的網路安全要素時需要的技術。除了加密技術外，我們還將講解硬體與OS的安全技術、安全測試與偵測異常的技術，並介紹幾種一般使用者也能做到的安全對策。

加密

置換式加密 / 替換式加密 / 現代加密

35 我們的通訊都有加密保護

雖然有點突然,但請你解讀看看下面這條密文。

> GDKKN

有點難對不對。那麼換成下面這條呢?

> OLLEH

這次應該很多人都看出來了吧。其實就是把「HELLO」反過來寫。這種將文字順序倒過來或打亂的暗號,就叫做**置換式加密**(或換位式加密)。

那麼，我們再回頭解讀看看一開始的「GDKKN」吧。這次請你將每個字母都按照英文字母的順序往後挪一個，也就是「G→H」、「D→E」、「K→L」、「N→O」，結果便是「HELLO」。像這樣依照特定規則替換文字的加密方式，便稱為**替換式加密**。

```
原始文字          置換式加密              替換式加密
SECURITY  →加密→ YTIRUCES       RDBTQHSH
                 顛倒文字順序     依 規則 替換文字
                        ←替換成前一個字母←
         ─────────加密─────────→
```

▲ 置換式加密和替換式加密

我們在 ⑲ 也有稍微提到，確保資訊安全CIA的其中一個方法就是**加密**。如果沒有加密，我們的電子郵件內容和瀏覽器正在閱覽的網站資訊，甚至是網路購物時輸入的個人資訊，都會輕易被人看見。現實中，這些服務都會加密我們通訊的內容和儲存在伺服器上的資料，防止遭到攻擊者非法偷看。

其實直到不久以前，人類都還在使用剛才介紹的置換式加密和替換式加密等**古典加密法**。然而，古典加密法就連人類都能輕易破解，更別說使用電腦進行統計分析，不用多久就能輕易解開。因此，現在在數學上比較不易被解讀的**現代加密**已成為主流。關於現代加密的方法，我們將在下一節的 ㊱ 詳細說明。

加密　　　　　　　　　　　　　　　解密　明文　金鑰

36 現代加密的原理

　　現代加密的特點是「必定使用**金鑰**來進行加密和解密」。所謂的**解密**，就是將加密過的文章復原成原始文章（**明文**）。用來保護資料的「金鑰」，跟我們平常開門用的鑰匙很不一樣。現代加密所使用的金鑰，其實是一串「**對第三方保密的字串**」。

　　加密的原理是使用金鑰的內容對原始文章進行數學變換，算出一串無法看出原始意義的值。這個數學變換運用了數學理論來計算，令其非常難以破解。

　　比如**RSA加密**這種加密法，便利用了**質因數分解問題**的數學特性，也就是「兩個大位數質數相乘後得到的數，很難質因數分解出原始的質數」。

使用文字對文字進行「**數學變換**」，這句話聽起來可能讓人滿頭問號。但其實，現在你讀到的這些中文字，**在電腦眼裡也是一串數字的組合**。背後的原理很艱澀，故此處略過不談，但總而言之，對普通的文章進行**數學變換**，對於電腦來說是非常自然的處理運算。

而經過數學變換的文章，就稱為**密文**。密文無法光用原始文章生成，也無法光憑密文解密回原始文章。無論加密還是解密，都必須有金鑰才能進行。因此，只要把金鑰藏起來保護好，即便加密過的密文外洩給了第三者，對方也無法輕易解讀出原始內容。

▲ 現代加密法與金鑰

相對地，如果金鑰被其他人知道，那密文就不再安全了。所以，在現代密碼學中，**如何安全地保管金鑰不被他人得知**逐漸成為一項重要的課題。

加密 | 對稱加密 / 非對稱加密 / 雜湊函式

37 各種加密的種類

加密技術可以依照用途分成幾個種類。本節將介紹其中的三個種類。

首先是加密用的金鑰（**加密金鑰**）和解密用的金鑰（**解密金鑰**）相同的加密法。這種金鑰由通訊的雙方共同保管來加密通訊內容，用於防止通訊內容被第三方窺視，或是加密檔案後自己保存，事後有需要再解密來用的情境。這種加密和解密使用同一組金鑰的加密法，稱為**對稱加密**。

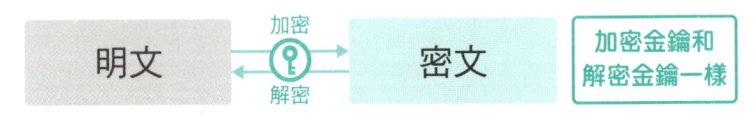

明文 ⇄（加密/解密）密文　　加密金鑰和解密金鑰一樣

▲ 對稱加密

94

但另一方面，有些時候我們會希望在加密和解密時使用不同的金鑰。比如希望任何人都可以加密，但只有特定的人才能解密的情況。而**非對稱加密**便是用來滿足這類需求。

在非對稱加密中，加密和解密時使用的是不同金鑰。加密金鑰是公開的（**公鑰**），任何人都可以使用；但解密金鑰只有有權解密的人才擁有（**私鑰**）。這種加密法被用於電子簽章等技術中。

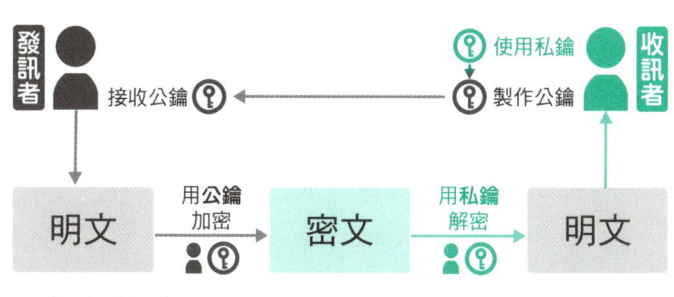

▲ 非對稱加密

在被加密的資訊中，有一些並沒有解密的需求，比如密碼。密碼只需要在註冊時直接保存加密過的字串，等使用者下次登入時再將使用者輸入的內容加密一遍，然後比對加密過的字串是否相同即可。這個時候，通常會使用一種俗稱**雜湊函式**的單向性函式進行變換。

雜湊（Hash）的英文有「切薄」或「搗泥」的意思。而雜湊函式一如其名，就是對原始的資料進行非常複雜的運算，算出一串俗稱**雜湊值**，跟原始字串完全不同的其他值的函式。

由於雜湊值很難解密，因此經常被用於加密方法中。比如將密碼雜湊化再儲存，即使這個雜湊值外洩了，對方也無法輕易回推出原始的密碼長什麼樣子。

加密 | 計算安全 | 過時

38 密文永遠都不會被破解嗎?

我們在 ㉟ 說過,現代加密是透過數學理論來保證其不會被輕易破解,所以更加安全。

但是,這裡說的「不會被破解」其實並非保證永遠不會被破解。實際上只要計算的時間夠長,電腦還是算得出答案,只不過**因為計算的時間長到很不現實**,所以**基本上可視為安全**。這種安全性稱為**計算上的安全**,而絕大多數的現代加密法,都是基於計算安全來設計的。

然而,近年電腦的運算速度出現顯著提升,幾年前「需要花上好幾天才能算出答案」的問題,如今一下子就能解開。

最典型的例子，便是名為**DES加密**的對稱加密法。DES加密直到1990年代都還十分普遍，但在1999年，一名挑戰者成功在24小時內破解了DES加密。挑戰者的聰明才智固然有其功勞，但另一個更主要的原因是電腦的計算能力在這幾年間有了長足的提升。自此以後，DES便不再是安全的加密方法。

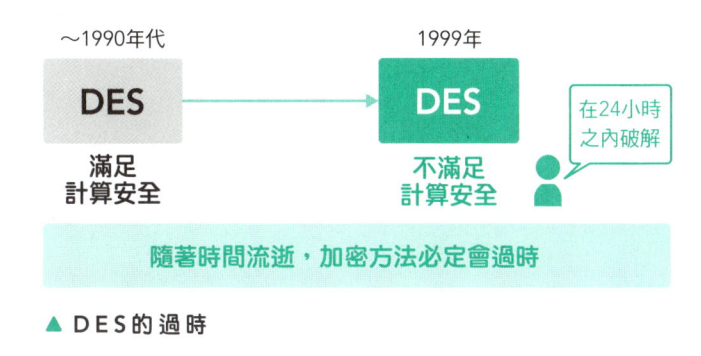

~1990年代　　　　　　1999年

DES　　　　　　　　　DES　　　　在24小時
滿足　　　　　　　　　不滿足　　　之內破解
計算安全　　　　　　　計算安全

隨著時間流逝，加密方法必定會過時

▲ DES的過時

除了電腦計算性能的提升外，有時也會有人發現可以更快破解出答案的新方法。一旦破解方法被發現，這種加密方式就不再安全。這種加密方法因為算力提升和發現新攻擊方法而被破解，變得不再安全的現象，就稱為**加密法的過時**。

隨著時間的流逝，加密方法必然會過時。因此日本政府會定期重新評估政府數位服務所用的加密技術，製作推薦的加密演算法列表（**CRYPTREC加密法名單**），並定期更新。最新的資訊可以上Cryptrec的官方網站[21]查詢。

※21　CRYPTREC｜CRYPTREC加密法名單（政府數位服務推薦加密法名單）：
https://www.cryptrec.go.jp/list.html

硬體或OS的防護措施　　　　　防篡改性　TPM

39 防止外部篡改的設備

前面提到現代加密法必須使用金鑰,那麼這把金鑰平常應該保管在哪裡比較好呢?

由於加密和解密都需要使用金鑰,所以直接把金鑰存放在系統硬碟上是最方便的。然而,萬一硬碟被第三方存取,金鑰就有可能洩漏出去。因此,**金鑰必須存放在第三方無法存取的地方**。

而此時就輪到**硬體**表現了。所謂的硬體，就是電腦等電子機器中我們可以摸得到的部分。比如電腦或手機的機身、機殼，以及藏在機殼下面的零組件等等。相反地，那些用手摸不著的部分，比如程式或資料等等，則稱為**軟體**。

硬體在資訊安全中扮演著很重要的角色。比如保護加密金鑰的方法之一，就是把金鑰的資訊存放在具有難以被外部讀取或篡改之特性（防篡改性）的IC晶片中。在使用時，系統會把金鑰的資訊輸入晶片，接著晶片就會比對輸入的資訊跟存放在晶片中的資訊是否一致，再將結果回報給系統。如此一來，硬碟就能保證不被第三方讀取或篡改，可以安全地保管金鑰。

在我們的身邊其實就有很多這種具有防篡改性的IC晶片，比如信用卡和日本的數位身分證上的晶片。日本數位身分證（My number card）的IC晶片中，儲存了電子報稅（e-Tax）時用來證明個人身分的證明書。

還有電腦的OS也有使用安全硬體。近年的OS都內建了將整顆電腦硬碟加密的功能，而加密後的金鑰會存放在**安全晶片**（**TPM：Trusted Platform Module**）中。TPM是一種具有各種安全功能的晶片，除了保管金鑰外，還有各種跟密鑰和雜湊值相關的計算功能。由於TPM的存在，如今即使電腦遺失或被人偷走，也不用擔心硬碟被加密的內容會被第三者偷看到。

硬體或OS的防護措施　　　　　　　　　　　安全啟動　RoT

40 絕對可信的原初基點

　　前面我們說過的安全要素，比如驗證、存取控制、加密，全部都是由電腦幫我們處理的。但是，**電腦本身是否又值得我們信賴呢？**萬一電腦感染了惡意軟體，電腦的控制權就有可能被攻擊者奪走。

　　假如負責執行各種工作和運算的電腦無法信任，驗證和加密等功能也可能會變得不可靠。這種什麼東西都無法相信的情況，就好像電影中常見的那種「所有人都是敵人」的情境。這種時候，人們自然會希望找一個絕對值得信任的夥伴。

比如,假如A先生是一個絕對可以信任的對象。此時,只要A保證B也可以信賴,然後B再保證C也可以信賴,就能一環扣一環地建立可信任者的名單。這個概念稱為**信任鏈**(Chain of Trust),而起點的A先生則稱為**信任根**(RoT:Root of Trust)。

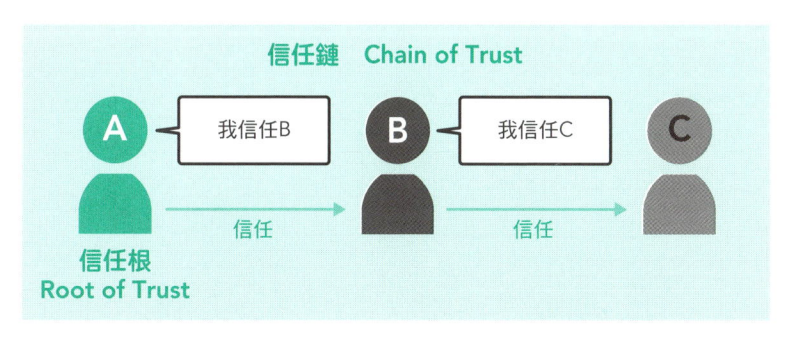

信任鏈　Chain of Trust

我信任B　　　　我信任C

A ─信任→ B ─信任→ C

信任根
Root of Trust

▲ 信任結構

網路安全也同樣需要一個**「絕對可以信任」的信任根**。而這個信任根,通常便是可保證絕對不會被第三者存取、編輯,**具有防篡改性的硬體**。

作為信任根的硬體,一般具有驗證其他硬體或軟體是否可以信任,以及安全保管加密金鑰的功能。剛才介紹的安全晶片TPM便是典型的一例。

而現代電腦在開機時都會以這類硬體為起點,以信任鏈的方式進行安全的開機程序(**安全啟動**)。如此一來,就能保證開機時在電腦上運行的OS、設備以及軟體的安全性。

硬體或OS的防護措施　　　　　　　安全OS　SELinux

41 什麼是安全作業系統？

上一節我們說到，現代電腦是以TPM等具有防篡改性的硬體作為信任根，來保證電腦的可信任性，並運用安全啟動機制，保障各種電腦功能的安全性。那麼，有沒有不用依靠硬體，就能保證OS本身具有安全性的方法呢？

實際上，世界上的確也存在「高安全性的OS」，這類OS稱為**安全OS**。安全OS泛指**比普通OS更加強化安全性的OS**，存在許多種類，它們大多內建**強制存取控制**（參照 25）和**最小權限功能**（參照 31）。

若說具防篡改特性的硬體，主要是用來保證加密等功能的可信任性；那麼安全OS就是用來保護**包含加密功能在內的整台電腦的安全性**。

這裡我們以Linux作業系統為例。在普通Linux系統中，「誰可以存取檔案」的檔案存取權可以針對使用者或使用者群組個別設定，而只要是檔案的所有者，任何人都可以去更改權限。

這個性質在平常使用時很方便，但萬一系統管理者[22]帳戶被攻擊者或惡意軟體奪取，攻擊者就能隨意更改電腦上的各種權限。

相對於此，在**SELinux**這套安全OS中，檔案的存取權限是事先依照安全策略規定好的。即便是檔案的擁有者或系統管理者，也不能自由變更權限。由於權限無法變更，即使系統遭到攻擊，也能將損害控制在最小。

看到這裡有人可能會心想：「既然這樣比較安全，那把所有作業系統都做成安全OS不就好了嗎？」然而凡事都有代價，在安全OS中，權限一旦決定了，就算事後發現「啊，這個檔案還是需要有變更權限」也無法後悔。提升安全性的代價，就是自由度會降低。所以更好的做法是針對不同用途使用合適的OS種類。

現在，安全OS主要應用在對於安全管理有著嚴格要求的**軍用系統**和**金融系統**上。

---

[22] 在Linux中，系統管理者帳戶稱為root。

安全測試

黑箱測試　白箱測試

42 用於找出漏洞的測試

　　至此,本書介紹了如何保護、保證電腦與通訊安全的各種方法。而從本節開始,我們將來看看檢查系統安全性的安全測試方法。

　　在開發、使用系統時,檢查系統在安全面上到底可不可靠的步驟,就叫做**安全測試**。在做安全測試時,測試人員會對系統進行實際的攻擊或模擬攻擊,看看系統會不會發生問題。假如發生了問題,就代表系統存在漏洞,必須回頭修補。

在做安全測試時，測試人員常常使用一種名為**黑箱測試**的方法。所謂的黑箱測試，就是不去考慮系統的內部結構[23]如何，只檢查系統會對**輸入**（Input）的資料做出何種反應（**輸出，Output**）的測試。其做法是**給系統餵入大量存在微小差異的資料，若輸出出現異常，就代表系統存在漏洞**。

由於黑箱測試不用知道系統的內部結構就能進行，所以常被用於第三方的測試。也因為不考慮系統的內部結構，所以這種測試才被比喻為黑箱（看不見裡面的箱子）。

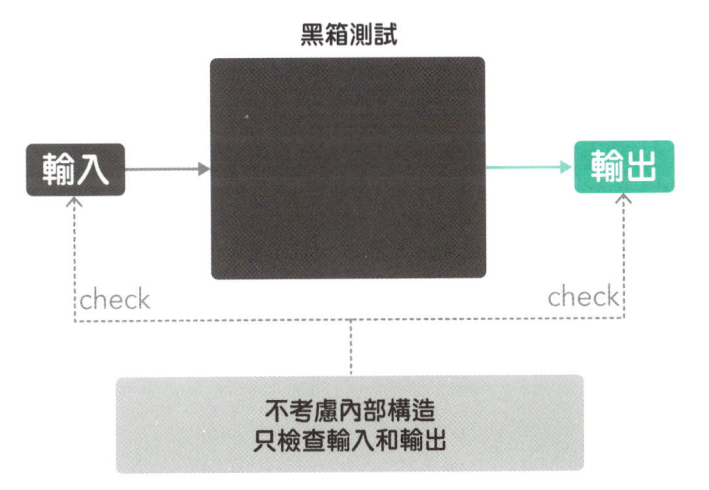

黑箱測試

輸入 → [黑箱] → 輸出
check .... check
不考慮內部構造
只檢查輸入和輸出

▲ 黑箱測試的結構

除了黑箱測試，還有一種測試叫**白箱測試**（**玻璃箱測試**）。顧名思義，這種測試跟黑箱測試相反，會在測試時考慮系統的內部結構，**檢查系統內部的程式是否按照預期**（按照規格書的設計）**運作**。

※23 系統的內部結構，指的是系統如何處理資訊，即程式的執行順序和組合。

白箱測試

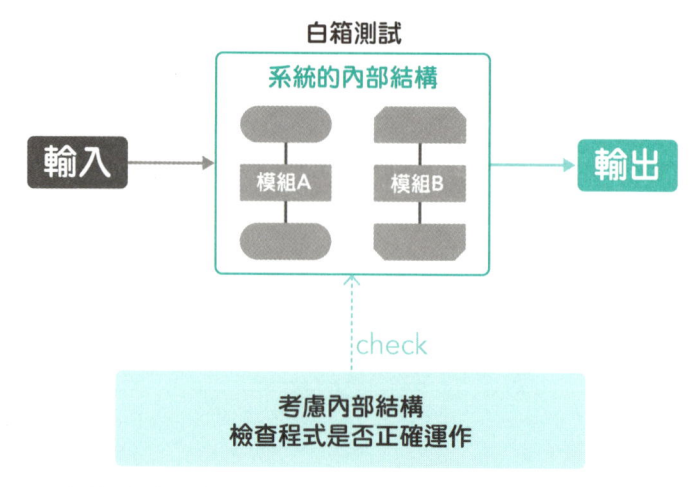

系統的內部結構

輸入 → 模組A　模組B → 輸出

check

考慮內部結構
檢查程式是否正確運作

▲ 白箱測試的構造

　　資訊系統是由許多程式組合起來的。組成資訊系統的程式按功能分類後的最小單位，稱為**模組**（Module）。而白箱測試經常用在檢查模組是否正確發揮功能的**單元測試**中（不是檢查整個系統，只檢查模組等系統組件是否正確運作的測試）。

　　由於白箱測試是根據規格書來檢查，因此無法發現規格書本身的錯誤，亦即在**設計階段無意間留下的漏洞**。同時，因為大部分時候只會檢查單個模組的運作，所以也**無法檢查出因模組不相容而產生的錯誤等**。

　　黑箱測試和白箱測試很少只單獨使用其中一種。在系統開發領域，安全測試通常會結合兩者，檢查系統的運行效率、正確性以及安全性。

專欄 5　個人資訊與特定個人資訊

　　本書中多次提到了「個人資訊外流」的安全事故（參照 33）。但話說回來，個人資訊具體到底是指哪些資訊呢？

　　根據日本的個人情報保護法，**個人資訊**的定義如下。

> **個人資訊，即與生存之個人有關的資訊，如姓名、出生年月日，以及其他可識別特定個人的記述。**

　　此定義的關鍵在「**可識別特定個人**」這句話，比如「出生年月日」，光靠這項資訊無法識別出特定的某人，因此單獨的出生年月日不算個資，只有跟其他資訊組合時才被視為個資。

　　在現代，企業收集顧客的個人資訊已是家常便飯。比如本書多次舉例的網路商店就是最好的例子。這些電商平台大多都會要求顧客註冊姓名、地址、信用卡等資訊。而這些資訊一旦因為網路攻擊而外流，就會造成非常嚴重的後果。

　　尤其是**特定個人資訊**的外洩更是非常大的資安事件。所謂的特定個人資訊，就是「包含個人編號的個人資訊」，比如身分證字號或可以查到對應身分證字號的其他符號。日本法律規定，特定個人資訊必須比一般的個人資訊受到更嚴格的保護。

安全測試

模糊測試 / 滲透測試

43 黑箱測試的手法

黑箱測試的其中一種方法,是給系統餵入大量資料自動進行測試,這種測試稱為**模糊測試**(Fuzz Testing)。

在模糊測試中,測試人員會準備大量存在微小差異的資料當作輸入資料。比如如果輸入的是電話號碼,除了正確的電話號碼外,測試人員還會準備沒有數字而是由英文字母組成的字串;或是碼數限制10碼,提供11碼以上的號碼,諸如此類大量存在微小差異的資料。

將這些資料輸入系統，便可得知程式會對異常資料做出何種反應。比如遇到11碼以上的手機號碼時，正常情況下系統應該要「捨棄第11碼以後的數字」或「報告錯誤並請使用者重新輸入」；如果系統直接接受超過10碼的資料來運算，就可能變成緩衝區溢位攻擊（參照 58）的破口。

　　如上所述，模糊測試的原理，便是**輸入異常資料來檢查程式會不會做出奇怪的反應**。你也可以理解成「亂槍打鳥」。這種方法的好處是可以自動執行測試，比起手動測試輕鬆不少。

　　不過，這種方法**能發現的漏洞十分依賴輸入值**。如果輸入的資料不夠多，可能就沒法找到漏洞。因此，就算系統通過了模糊測試，也不能太過信任系統的安全性。其他還有像是**等價類劃分技術**和**邊界值分析法**等藉由設計輸入值來提高測試正確度的方法，但背後的原理太過專業，故在此省略。

　　除了模糊測試以外，另一種黑箱測試手法是實際嘗試入侵系統，俗稱**滲透測試**（Penetration Test）。

　　滲透測試大多用於系統開發的最終階段，在系統完成後部屬至實際運行環境的時間點進行。儘管也可以由開發者或系統擁有者自己測試，但這項測試需要相當程度的安全知識才能做，因此有時會委託專門的測試業者來做。

　　我們平常使用的各種資訊系統，都是組合上述介紹的各種測試，來確認安全上是否無虞。

安全測試　　　　　　　　通訊埠掃描　漏洞資料庫

44 找找看有無沒上鎖的入口

在安全測試中，除了在開發系統時進行的測試外，還有一些測試是用來檢查我們所使用的電腦是否處於容易遭到外部攻擊的狀態。這便是**通訊埠掃描**。

電腦為了接收各種來自網路的服務，擁有很多對外的開口。這些開口稱為**通訊埠**（Port）[※24]。電腦的每個通訊埠會從1～65535中分配到一個號碼，而每種網路服務都只會使用固定號碼的通訊埠。比如網頁通訊是80或443，收發電子郵件是25或587。

※24　精確來說是UDP/TCP通訊埠。UDP是一種類似TCP（參照 15）的通訊協定，而通訊埠號碼就是依據UDP和TCP來分配的。

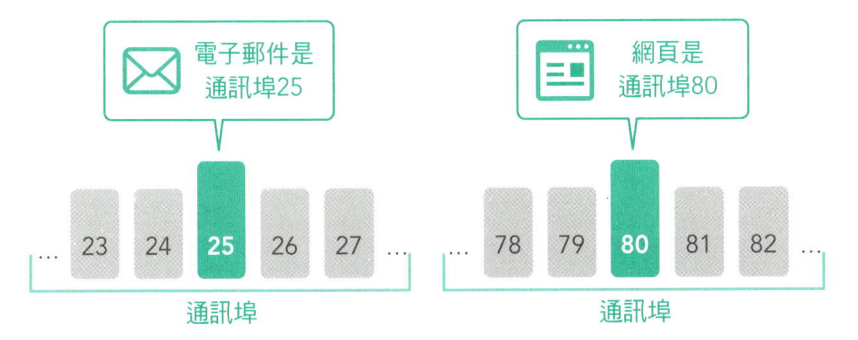

```
電子郵件是         網頁是
通訊埠25          通訊埠80
```

```
… 23  24  25  26  27  …    … 78  79  80  81  82  …
        通訊埠                      通訊埠
```

▲ 通訊埠號與網路服務

　　你可以使用通訊埠掃描（**Port Scan**）來簡單檢查一台電腦有哪些通訊埠是開放的。如果開放的只有必須用到的通訊埠那就無所謂，但若有通訊埠明明沒在使用卻是開放的，攻擊者就會嘗試從該通訊埠入侵電腦。以居家的防盜來比喻，這就像是家裡的某個後門忘記上鎖，對外敞開。

　　開放未使用的通訊埠，攻擊者便可能從該通訊埠入侵，奪取電腦的控制權或植入惡意軟體。這裡要注意的是，**攻擊者也可以使用通訊埠掃描工具來檢查你的電腦有無開放的通訊埠**。雖然通訊埠掃描工具本來應該是做安全測試用的工具，但若對他人使用的話，也能用於非法用途。

　　實際上，現實中經常發生攻擊者利用開放的通訊埠進行攻擊的案例，比如通訊埠23和80，就常被當成對IoT機器進行DDoS攻擊（參照 51）的侵入口。通訊埠23是電腦的遠端操作服務（**Telnet**[※25]）用的通訊埠，而80則如前面所說，是網頁服務用的通訊埠。

※25　Telnet是對電腦進行遠端操作用的協定。由於通訊內容沒有加密，現在已經幾乎沒在使用，被通訊內容加密的**SSH**協定取代用以進行遠端操作。

對自己的電腦做通訊埠掃描相對比較簡單，這裡我們介紹Windows上的操作步驟。

首先同時按下鍵盤上的Win鍵和R鍵，然後在彈出的視窗中輸入「cmd」，再按下Enter，開啟**命令提示字元**。所謂的命令提示字元，就是下圖的黑色視窗，是一種可以執行程式的工具。開啟命令提示字元後，在上面輸入「netstat -a」，然後按下Enter鍵。如此一來就能看見你的電腦所使用的通訊埠。

▲ 執行通訊埠掃描的畫面

上圖的第二個縱列是「本機位址」，其中0.0.0.0和127.0.0.1等數字的冒號（:）後面，就是這台電腦所使用的通訊埠號碼。仔細看的話，你會意外地發現電腦有很多通訊埠都是開的。

通訊埠號是由**IANA**（<u>The Internet Assigned Numbers Authority</u>）管理，你可以上IANA的官網[※26]查詢哪個埠號連接的是什麼服務。然而，要使用者完全掌握每個通訊埠的用途，實在不太現實。

同時，前述的通訊埠80等通訊埠，如果只是用瀏覽器瀏覽網頁的話，即使關閉也沒有影響[27]，但某些網路遊戲如果不開啟的話可能會無法遊玩。由此可見，一個通訊埠究竟應該開啟還是關閉，必須視情況判斷。

　　所以，我們沒有必要三不五時就用上面介紹的方法檢查自己電腦的通訊埠。不過，偶爾研究一下「這個通訊埠是用來做什麼的」，可以提升你對網路安全的知識與安全意識。

　　另外，建議你可以檢查一下自己電腦上那些經常被用於網路攻擊的通訊埠是否開啟。有些科技新聞會詳細介紹遭到利用的通訊埠號，或者也可以查詢JVN或TVN等漏洞資料庫（參照 ⑭），取得更正確的資訊。

　　至於關閉通訊埠的方法，則根據電腦的運行環境而異。以Windows來說，大多數的Windows版本都可以在防火牆的設定介面關閉。

※26　IANA | Service Name and Transport Protocol Port Number Registry：
　　　https://www.iana.org/assignments/service-names-port-numbers/service-names-port-numbers.xhtml
※27　使用80通訊埠的都是「被存取的服務」。比如瀏覽器會存取網頁伺服器的80通訊埠來顯示網頁。

各種偵測技術　　　　　　　　　　　　　　　　模式匹配　行為偵測

45 偵測惡意檔案

直到不久之前，人們還經常使用一種叫**模式匹配**的偵測手法來偵測惡意軟體。

所謂的模式匹配，就是**事先登錄惡意軟體的檔案模式，檢查目標檔案是否跟惡意軟體的模式一致**的方法。

然而，由於現在惡意軟體的種類和變種都爆發式地增加，導致愈來愈多惡意軟體無法用模式匹配偵測到。因此，近年開始改用**機器學習**等跟傳統方式截然不同的偵測方法。

所謂的機器學習，就是輸入大量的數據，讓電腦學習這些數據的模式，再用這個模式來分類或識別各種不同數據的技術。其中一種經常使用機器學習的偵測方法，就是**行為偵測**。

行為偵測不是根據檔案結構本身，而是根據惡意軟體通常會

有的行為模式來判斷其是不是惡意軟體。行為偵測會偵測目標是否存在**自我繁殖、擅自移除或編輯電腦內的其他檔案**等行為，來判斷對象是否為惡意軟體。因此跟模式匹配不同，即便是新型的惡意軟體也有可能偵測到。

至於這個「行為」，則是將對象程式放到俗稱**沙盒**的虛擬空間內，使其實際運行看看來檢查。沙盒是一個即使遭到攻擊，也不會對沙盒外的環境造成任何影響的測試用空間。在沙盒裡面，就算啟動惡意軟體，電腦也不會遭受病毒感染。因此行為偵測又叫做**動態啟發式掃描**。

除了動態啟發式掃描外，也有**靜態啟發式掃描**，這種方法也會偵測程式的行為，但不會讓程式實際運行，而是讀取程式來分析其「行為」。

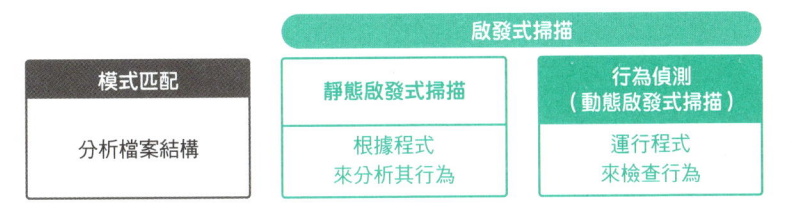

模式匹配	啟發式掃描	
	靜態啟發式掃描	行為偵測 （動態啟發式掃描）
分析檔案結構	根據程式 來分析其行為	運行程式 來檢查行為

▲ **各種偵測方法**

目前仍只有企業用的防毒軟體擁有行為偵測功能，一般人還無法輕易用到AI的檢查工具，但隨著網路攻擊方式的演進，防毒軟體也在持續不斷地進化著。

各種偵測技術

46 偵測來自網路的攻擊

`黑名單` `白名單` `異常檢測`

在各種判別來自外部網路的通訊是正常通訊還是網路攻擊的方法中，有一種方法是透過是否在以下這類名單上來判斷。

- 通訊是否來自獲得許可的通訊埠
- 通訊是否來自獲得許可的位址

其中用來判別攻擊者的名單俗稱**黑名單**，用來判別正常通訊的名單俗稱**白名單**。防火牆等的防禦規則中，通常都會內建這類**基於名單的檢測**機制。

除此之外，近年還有一種俗稱**異常檢測**（Anomaly Detection）的方法。異常檢測的原理，是透過觀察通訊的特性（連接時間、通訊方式、連接者、操作的種類等等），看看這則通訊是否存在異於一般通訊的地方，如果有的話就代表可能有異常。比如，假設某間公司的一般員工都是在9點～17點的上班時間存取系統，此時如果有人在深夜進行存取，由於存取時間跟正常的通訊不同，系統便會認定這則通訊可能有異。

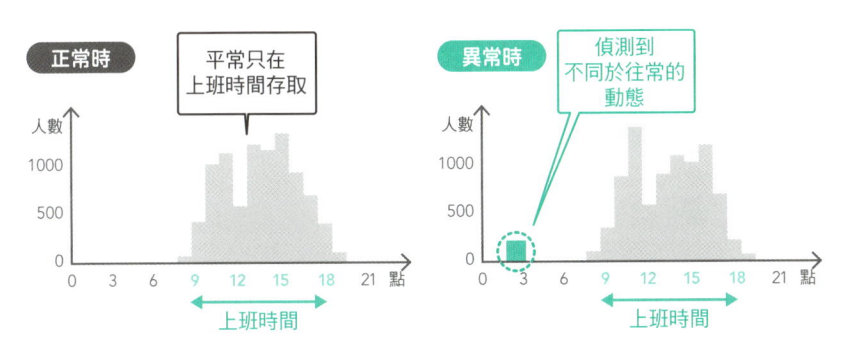

▲ 用異常檢測發現異常

這種方法也經常用在雲端服務中。比如在使用Gmail等網路服務時，如果你從一台以前從未用過的設備登入帳號，Gmail就會通知你「有陌生的裝置登入帳號」。其背後的原理就是運用異常檢測來偵測可疑的冒名登入行為。

此外，異常偵測也經常用在機器學習中。

專欄 | 6　網路的構造與防禦系統

　　在㉑中，我們提到「引進可偵測、攔截非法存取的軟體」，也是一種針對可用性發動的網路攻擊的防禦對策。而該節所說的「軟體」，就是防火牆、IDS/IPS（參照㉘）、WAF（參照㊾）等。這些軟體皆有監控通訊、攔截非法通訊的功能，但扮演的角色各有差異。

　　一如在⑮中介紹的，網際網路建立在TCP/IP這套通訊架構上。而在TCP/IP架構中，通訊是由**連結層**、**網路層**、**傳輸層**、**應用層**這4層架構組成的。這套架構俗稱**TCP/IP參考模型**。

　　而防火牆、IDS/IPS以及WAF，這三者工作的層級和角色都各有不同。

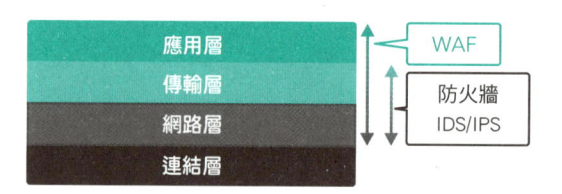

應用層	← WAF
傳輸層	
網路層	← 防火牆 IDS/IPS
連結層	

▲ 防火牆、IDS/IPS、WAF的差異

　　粗略來說，**防火牆和IDS負責監視系統跟外部的通訊，IPS負責攔截被偵測到的威脅**，而它們的主要對象是跟外部進行通訊的「**網路層**」和「**傳輸層**」。另一方面，**WAF的主要任務是監視電子郵件和遊戲等程式實際運行的應用層，並負責偵測針對漏洞的攻擊和攔截通訊等等**。無論是對象層級還是角色，都跟前者有著些許差異。

Chapter 5 認識網路攻擊的原理

本書的最後將講解網路攻擊本身的原理。網路攻擊的種類非常繁多,沒辦法全部介紹,所以本章主要統整了新聞報導中比較常見的幾種。除了它們的原理外,我們也會一併介紹防禦這些攻擊的策略。

針對密碼的攻擊　　　　　　　　　　　　　　　密碼驗證的極限

47 大家都在淘汰密碼驗證

相信在今天，你使用的絕大多數網路服務都有密碼的存在。在設定密碼的時候，你都是怎麼設計的呢？

1. 用容易記住的生日（月＋日的4位數字）
2. 用自己喜歡的詞彙
3. 所有服務都使用同一組密碼

　　很遺憾地，上述提到的做法都很有可能被駭客攻破，是很危險的密碼設計。

如同在㉓說過的,密碼是一種驗證的手法。如果設定得太簡單,就很容易被人猜到,提高帳號被盜取假冒的風險。

然而,我們平常使用的網路服務很多,不是只有一個或兩個而已。有些人可能擁有幾十個甚至數百個帳號,而這些帳號全都需要設定密碼。**要替所有帳號都設定不容易推測並且全都不重複的密碼,再把它們全部背下來,幾乎是不可能的**。因此,儘管多數人都知道「密碼不能設得太簡單」、「密碼不該重複使用」,現狀卻是仍有很多人使用簡單好記的密碼。

站在網路服務管理方的立場,自然不希望使用者設定這種弱安全性的密碼。然而,如果因此把密碼的設定條件設計得太複雜,導致使用者記不住自己設定的密碼,也有可能趕跑客戶。

簡單好記的密碼容易被攻破,但複雜而不易被攻破的密碼卻不容易記憶。這是密碼驗證機制多年來無法解決的兩難。雖然近年許多廠商推出密碼管理工具或有密碼管理功能的瀏覽器,但儲存在管理工具或瀏覽器中的資訊一旦外洩,那就毫無意義了。所以這類工具雖然方便,但仍不是治根的解決方案。

事實上,無論是管理方還是使用方,都很希望可以廢除密碼驗證。但因為找不到可以完全取代密碼的驗證方法,才不得已一直用到今天。這個問題無法輕易解決,所以短時間內我們恐怕還是擺脫不了密碼。

因此目前最妥善的做法,就是讓自己具備密碼相關的知識。從下一節開始,我們將依序看看上述1~3的密碼設計,具體容易被哪些攻擊給攻破。

針對密碼的攻擊　　　　　　　　　蠻力攻擊　反向暴力破解

48 暴力破解

　　首先來看看4位數字組成的密碼。假如攻擊者知道「這組密碼是4個數字」，那就可以透過非法存取從「0000」開始嘗試，不對的話就換成「0001」，再不對就換「0002」，一直試到「9999」為止，把所有4位數字的組合全部試一遍。

　　在這種情況下，「0000」到「9999」實際上一共有1萬種組合。1萬組乍聽之下好像很多，感覺很花時間，但寫一個自動化程式用電腦來試的話，一瞬間就能做完。

　　這種把所有可能的文字組合都試一遍的攻擊，俗稱**暴力破解**（蠻力攻擊）。

那麼，如果不要只用數字，再加入包含大小寫的英文字母，並把密碼位數增加到8個呢？如下圖所示，如此一來可使用的文字種類共有62種。

Aa-Zz
英文字母
26個字母×2種＝52種

＋

0-9
數字
10種

＝

password
密碼
可用的文字
62種

▲ 密 碼 可 用 的 文 字 種 類

用62種文字製作8位數的密碼，可組合出的種類共有62的8次方個，實際計算後就是 2×10^{14}。換言之，這個密碼一共有2後面加14個0這麼多種組合。這樣應該很夠用了吧？

$$62^8 = 2 \times 10^{14}$$

密碼的位數
可用的文字種類
後面帶14個0的數字

▲ 計 算 密 碼 的 組 合

很可惜，答案是NO。我們在 ㊳ 中介紹「因為已被破解而不再安全的加密法」時舉例的DES，其密鑰的長度多達56位元[※28]。由1和0的兩種組合組成的56位數，就等於2的56次方，換算成10進位數字便是 7×10^{16}，遠比剛才說的8位數英數字的組合種類更多。但就連這種長度的密碼，都在1999年時遭到破解。

※28　位元（Bit）是電腦可計算的最小單位。在 ㉞ 介紹過機器語言是0和1的組合，而一個0或1的單位就叫位元。

而跟當年相比，時至今日電腦的性能又有了飛躍性的進步，因此現在恐怕只要幾個小時就能破解了。不僅如此，現在還有雲端服務這種東西，只要錢包夠深就能買到足夠的電腦算力。因此，如今密碼的安全性要考慮的已經不是「需要多少時間破解」，而是「需要多少錢來破解」。

　　出於以上理由，不論是多高強度的密碼都無法稱得上絕對安全。不過，從2023年開始，愈來愈多網站推薦使用者採用**由大小寫英文字母、數字以及特殊符號組成，位數超過10位的密碼**。

　　前面介紹了暴力破解攻擊，但其實還存在一種相反的攻擊方式，那就是**反向暴力破解**。反向暴力破解的原理，是預先假定要破解的帳號密碼是「1234」、「password」等容易猜到的密碼，然後用這些簡單的密碼對大量帳號進行暴力破解。

　　所以如果你把密碼設得太簡單，不只容易遭到暴力破解，在面對反向暴力破解時也會變得很脆弱。因此為了防禦反向暴力破解，設計一組不容易被猜到的密碼十分重要。

專欄 7　為什麼變更密碼這麼麻煩？

相信曾經忘記密碼而申請過重設密碼的人，應該都很納悶「為什麼換個密碼這麼麻煩？」吧。大多數的網路服務在變更密碼時，不是要求輸入個人資料，就是要你回答註冊時設定的安全問題（相信很多人換密碼時早就不記得自己當時設定了什麼吧），再不然就是得輸入寄送到電子郵箱的驗證碼，通過重重手續。有些人可能會抱怨「為什麼不能直接請客服告訴我們原本的密碼就好」。然而，把換密碼搞得如此麻煩，背後其實是有理由的。

首先，客服之所以無法直接告訴你密碼，是因為**他們也沒有你真正的密碼**。如同在 ㊲ 說明過的，**密碼通常會經過雜湊變換後再儲存**，而經過雜湊變換後就**很難回推出原本的字串**。假如真有哪家網路服務是「跟客服申請後對方就直接把密碼用電子郵件寄給你」，你反倒應該質疑這家服務的資訊安全性。

再者，變更密碼時之所以必須回答各種問題，也是**為了確定來申請忘記密碼的究竟是不是本人**。在正常情況下，系統可以透過輸入的密碼正確與否來驗證存取者的身分，但在忘記密碼時無法這麼做，所以才必須審慎地確認你的身分。

針對密碼的攻擊　　　　　　　　　　　　　列表型攻擊

49 字典攻擊

因為複雜的密碼很難記，所以就用好記的單字當密碼，這是很自然的想法。然而，近年的密碼破解工具也開始針對用易記單詞當密碼的帳號發動**字典攻擊**。換言之就是用「password」、「admin」等字典上的單詞一個一個嘗試。

這種用字典上的單字去猜密碼的攻擊方式，俗稱為**字典攻擊**（Dictionary Attack），在日本又叫做**列表型攻擊**。

- apple
- appleaphid
- appleblight
- applebutter...

字典

一個一個嘗試

password

▲ 用字典上的單字逐一嘗試

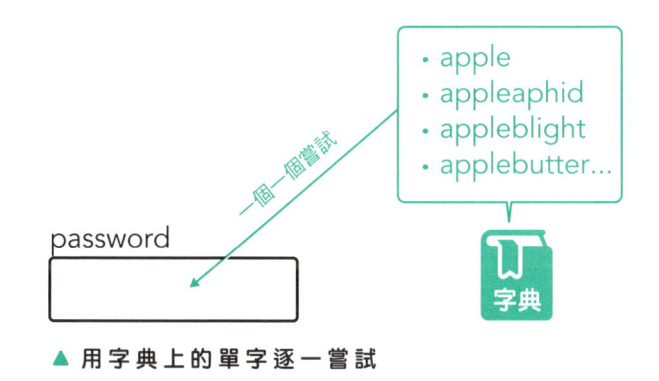

　　比如筆者自己以前遇到不知道密碼的壓縮檔時，也使用過組合字典攻擊和暴力破解的密碼破解工具。以6位數的密碼來說，大約幾分～幾十分鐘即可破解，連筆者自己都嚇了一跳。

　　這在我們自己忘記密碼的時候雖然很方便，但此類技術也能用於攻擊他人。而由有意義的單字組成的密碼很容易被突破，故**非常不推薦使用單字當密碼**。

　　暴力破解，以及下一節要介紹的撞庫攻擊（這也算是一種暴力破解）等**針對帳號和密碼的攻擊，都必須多次嘗試才能突破防禦**。因此，有些網路服務提供者會設計「密碼輸入錯誤超過一定次數就鎖定帳號」的功能。除此之外，使用㉓介紹的「搭配生物認證」的兩階段驗證，也能降低密碼被破解遭到非法存取的風險。

針對密碼的攻擊 | 使用重複的密碼

50 撞庫攻擊

既然不能用有意義的單字當密碼，又必須用英數字和符號混合的長字串，還得替一大堆不同的帳號設定密碼，那人們很自然會想到乾脆用同一組密碼來登入多個帳號。然而，從資安角度來看，這同樣是很危險的行為。

比如，假設我們將A、B、C、D服務的帳號都設成同一組密碼。此時，當A服務發生密碼外流的事故，該服務所有帳號的密碼字串都會外洩出去。不僅如此，外洩的密碼資訊有時還會被放到黑市販賣。

這麼一來，攻擊者就可以在黑市購買已知的密碼資訊，使用這些資訊來發動密碼攻擊。㊾的字典攻擊是用字典上的單字來進行攻擊，而這種攻擊則是使用「曾被某個帳號設為密碼的字串」列表。而因為B、C、D服務也使用了跟A服務相同的密碼，因此這些服務的帳號在遇到攻擊時也很可能會被破解。

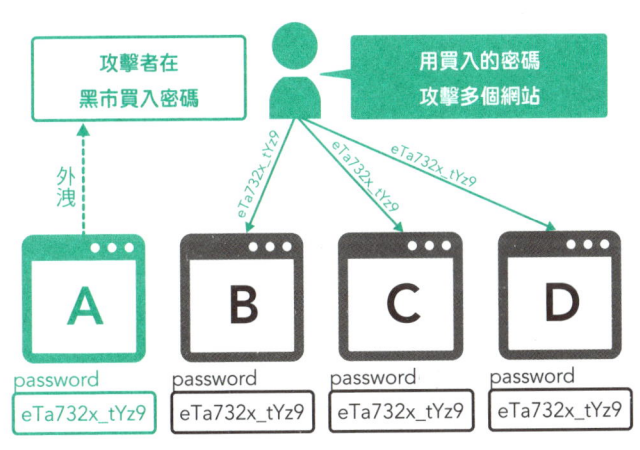

▲ 外洩的密碼被用來攻擊其他網站

這種將已知的帳號或密碼彙整成一個列表，依序進行嘗試的攻擊方式，稱為**撞庫攻擊**。

抵禦撞庫攻擊的最好方式，就是不要在**不同網站或帳號使用同一組密碼**。近年網路上有很多可以免費隨機生成密碼的工具，以及幫我們記住密碼的密碼管理工具，利用這些工具來管理密碼也是一種方式。

DoS/DDoS攻擊

阻斷服務　殭屍　C&C伺服器

51　DoS攻擊與DDoS攻擊

　　DoS攻擊是一個比較常在新聞報導中聽到的名詞。**DoS攻擊**是英文**Denial of Service**的首字母縮寫，中文通常翻譯成**阻斷服務攻擊**。

　　DoS攻擊的原理，是對目標伺服器發送大量的通訊資料，增加伺服器的處理負擔，繼而癱瘓伺服器。這種攻擊的目的是讓目標伺服器無法繼續提供服務或功能。最簡單的DoS攻擊手法，就是打開網頁後連續按壓F5重新整理網頁，俗稱**F5攻擊**。

▲ DoS攻擊

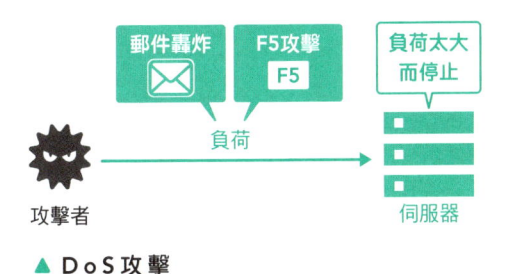

　　在短時間內大量反覆存取伺服器來增加伺服器的負擔，伺服器就無法進行⑮中介紹的「回應請求」的正常動作。而伺服器無法正常動作的狀態就叫**伺服器當機**，當伺服器當機時，使用者將無法正常接收網路服務。

　　比如網路商店的伺服器當機，人們就無法購買商品，有時甚至連網頁都顯示不出來，導致使用者拋棄該服務。

　　但是，如果所有攻擊都來自同一台電腦，我們可以運用「屏蔽來自該電腦的通訊」等方法輕鬆防禦。只要利用⑮介紹的相當於「資訊設備地址」的IP位址，就能輕鬆辦到這件事。

　　然而，有一種阻斷服務的攻擊手段無法用這個方法防禦，那就是**DDoS攻擊**（Distributed DoS攻擊）。

　　所謂的DDoS攻擊，就是利用多台電腦分散進行的DoS攻擊，讓許多台電腦一起發動攻勢。當發動攻擊的IP位址數量很多時，光靠屏蔽的方式將很難應對。

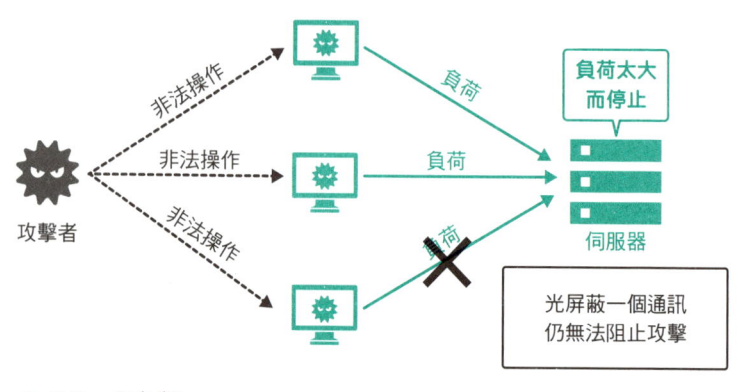

▲ DDoS攻擊

　　發動DDoS攻擊時所用的電腦，往往不是攻擊者自己的電腦，而是完全無關的其他普通人的電腦。這些因為感染惡意軟體而在無意間被用來進行DDoS攻擊的電腦俗稱**殭屍**（**Bot**）或**跳板**，而透過第三者發動的攻擊就稱為**跳板攻擊**。一旦自己的電腦感染惡意軟體，就有可能在不知不覺中被當成攻擊的跳板。

　　而且會成為殭屍的不只是電腦，近年來愈來愈多的網路攝影機等IoT機器也成為感染目標。這是因為IoT機器的安全措施比電腦鬆懈得多，密碼大多也很好猜。

　　2016年曾發生一起事件，一個名為**Mirai**的惡意軟體就成功感染了許多IoT機器，並發動DDoS攻擊，癱瘓了Twitter和Netflix等網站。

感染惡意軟體的電腦會從特定伺服器接收**命令**（Command）或接受對方控制。這些負責發送命令或控制的伺服器俗稱**C&C伺服器**（**Command & Control Server**）。方才提到的殭屍，指的便是會從C&C伺服器接收命令的電腦。

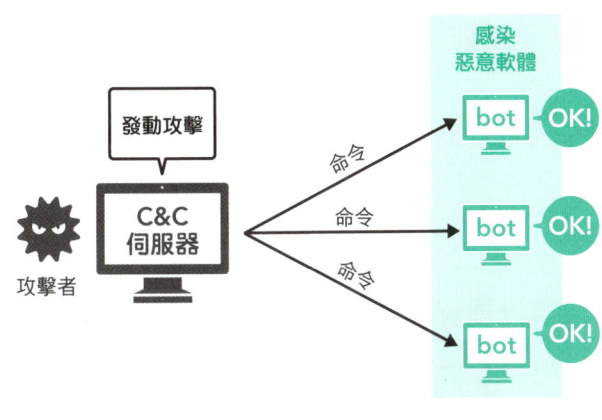

▲ C&C伺服器與殭屍

C&C伺服器命令許多殭屍在指定的時間一起攻擊目標伺服器。這麼一來，便能利用多台電腦發動DDoS攻擊。

DoS/DDoS攻擊

WAF　CDN

52　DDoS攻擊的對策

抵禦DDoS攻擊的對策，主要由受攻擊的那方，亦即伺服器的提供側執行。防禦的思路分為兩種，一種是**使伺服器可以承載密集的攻擊**，另一種是**減輕或阻斷攻擊**。

要提高伺服器承載負荷的能力，就必須在開發階段去設計「這個伺服器能承受多強的DDoS攻擊」。由於DDoS攻擊的原理是耗盡伺服器的運算資源來阻斷服務，故理論上伺服器的運算資源愈多，就愈能承受攻擊。

然而，若只為了預防DDoS攻擊而準備大量運算資源，正常營運時卻用不到，就會浪費運算資源與成本。因此在設計時必須考慮這方面的平衡。

而若要減輕和阻斷攻擊，則必須區分正常的通訊請求和以攻擊為目的的通訊請求，並屏蔽攻擊性通訊。㉘介紹的IDS/IPS技術便能偵測與阻斷這類惡意通訊。

除此之外，如果所提供的服務是網頁服務，那麼**WAF**（**Web Application Firewall**）也是很有效的對策。WAF不只能防禦DDoS攻擊，也能有效抵禦後面會提到的注入攻擊和緩衝區溢位攻擊等針對系統漏洞的攻擊。因此可以同時結合IDS/IPS和WAF等技術，建立多層防禦（參照 ㉜）體系。

除此之外，近年來許多網路服務也開始使用DDoS攻擊抗性強的**CDN**（**Contents Delivery Network**）平台。CDN的原理是「將同一內容的快取（暫時的備份）分散在網路上」，即使DDoS癱瘓了其中一台伺服器，其他伺服器也能利用快取接手服務，降低攻擊的影響。不過，當CDN本身故障時，所有使用CDN的伺服器都會受到影響，所以此方法對CDN的故障耐性有較高要求。

以上的對策都不是普通使用者能做到的。因此，假如你平常使用的網路服務遭遇DDoS攻擊，你能做的就只有靜靜等待服務商修復。

但話又說回來，大多數的DDoS都是透過將大量設備感染成殭屍來發動的。因此，只要防止自己的設備感染惡意軟體、變成殭屍，也能間接預防DDoS攻擊的發生。

注入攻擊　　　　　　　　　　　　　　　非法輸入　篡改

53 什麼是注入攻擊?

所謂的**注入攻擊**（Injection Attack），就是對軟體輸入惡意指令，使軟體做出不在設計內之行為的攻擊。

比如，假設有一個如次頁圖中所示的「自動寫信App」。這個自動寫信App的功能，是自動替使用者生成文字，使用者只要填補「許久不見，大家最近過得如何？我○○。」中「○○」部分的文句，就能經由伺服器把信寄給家人。App會預先準備幾個可填入「○○」部分的用詞選項，給使用者自行選擇。

136

```
┌─ 自動寫信App ─┐
│ 許久不見。      │
│ 大家最近過得如何？│        自動         ┌─────────────┐
│ 我 [過得很好▼]。│  ──寄給家人──→  ✉  ──  │ 許久不見。      │
│   過得普通      │                     │ 大家最近過得如何？│
│   過得不太好    │                     │ 我過得很好。    │
└─────────────┘                     └─────────────┘
```

▲ 自動寫信App

依照一般的方式使用，你也許會覺得這個App沒什麼資安風險。然而，攻擊者卻可以濫用這個App的輸入欄位，不使用App提供的選項，而是輸入「欠了別人很大一筆錢。拜託請借我100萬元。我的銀行是◯◯銀行，帳號是1234567」。於是，App就會生成以下的文章。

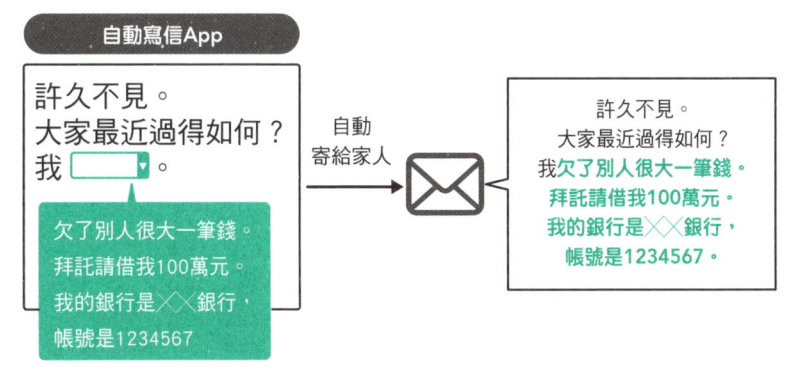

```
┌─ 自動寫信App ─┐
│ 許久不見。      │
│ 大家最近過得如何？│        自動         ┌─────────────┐
│ 我 [    ▼]。   │  ──寄給家人──→  ✉  ──  │ 許久不見。      │
│ ┌───────────┐ │                     │ 大家最近過得如何？│
│ │欠了別人很大一筆錢。│                     │ 我欠了別人很大一筆錢。│
│ │拜託請借我100萬元。│                     │ 拜託請借我100萬元。│
│ │我的銀行是◯◯銀行，│                     │ 我的銀行是◯◯銀行，│
│ │帳號是1234567    │                     │ 帳號是1234567。 │
│ └───────────┘ │                     └─────────────┘
└─────────────┘
```

▲ 透過違規輸入使程式做出不在服務提供者設計內的行為

於是乎，App就生成了一篇完全違反設計初衷的書信。這種透過注入攻擊輸入違規字串的手法，可被用於上述的金錢詐欺，或是篡改系統資料。

注入攻擊會透過違規的輸入來干涉App或伺服器的行為，並可能藉此竊取、篡改或非法下載資料。因此，注入攻擊不只會傷害服務的提供者，也有可能對使用者造成極大的利益損失。

　　改變輸入的文字來進行詐欺，這個例子很容易想像，但對於攻擊者如何藉此竊取或篡改資訊，很多人可能想像不出來。前面為了方便大家理解，用了中文文章當例子，但實際上注入攻擊更有可能輸入的，是對**資料庫或OS下達指令的特殊語言**。換句話說，程式是因為命令被改寫了，所以才會做出設計之外的行為。關於這種特殊語言和程式的行為，我們會在 ㊴ 和 ㊵ 詳細介紹。

　　注入攻擊除了後面將會介紹的SQL注入與OS命令注入外，還有一種利用網站來執行惡意**腳本**[※29]的**跨網站指令碼**（**XSS**）攻擊。XSS不是在資料庫或OS上，而是在使用者的瀏覽器上執行惡意腳本，竊取個人資料等資訊。而使用者能做的防範措施，就跟面對其他大多數攻擊一樣——**將瀏覽器等應用程式更新到最新版本，以及安裝防毒軟體**。

※29　腳本（Script）是一種用來實現稍微複雜的網頁功能，比如「彈出式視窗」、「計算造訪人數」等的簡易程式。網頁是用一種叫**HTML**的語言製作的，但有些功能光靠HTML做不出來，而腳本就是用來補充HTML的程式。

> 專欄 | 8

等「有需要再學」就太遲的理由

　　網路安全的知識，究竟什麼時候會派上用場呢？

　　「學校開了必修課」、「資訊類的資格考試科目要考」、「被公司調去安全部門」等等，每個人開始接觸網路安全的契機各不相同。

　　然而，最能讓人切實產生「好希望自己擁有網路安全的知識與技術」想法的情境，當屬**自己實際成為網路攻擊受害者的時候**。

　　學習網路安全知識的目的，在於預防安全事故的發生，以及在事故發生時將損害控制在最低程度。所以，人們往往到了「事故發生的那一刻」才會切身感受到它的必要性。然而，如果你是一路讀到這裡的讀者便會明白，「網路安全」一詞的範圍非常廣大，包含「加密」、「驗證」、「惡意軟體」、「網路監控」、「法律對策」等等主題，絕非一朝一夕就能學會。等到事情發生後才來補課，根本就來不及。

　　在經常使用網頁服務的讀者中，可能很多人都遇過自己使用的服務商爆發用戶個人資料外洩的意外。此時，如果你從未學過網路安全知識，每個帳號都用相同的密碼，那麼其他服務的帳號可能也會因此遭到入侵。然而，假如你**具備充足的安全知識**，就會立刻意識到要快點更改其他共用相同密碼的帳號密碼，**如此就能及時降低損害範圍**。

　　如果你在讀完本書後，能夠認識到網路攻擊是一個與我們只有咫尺之遙的威脅，並開始著手建立防範對策，那將是筆者最大的喜悅。

139

注入攻擊　　　　　　　　　　　　　　　SQL／OS命令

54　資料庫與 OS用的語言

前面為了大家方便理解而使用中文文章來說明，但實際上注入攻擊所用的語言，都是資料庫的操作語言 **SQL** 或 **OS的命令**（Command）。

利用應用程式向資料庫請求資料時所用的SQL語言發動注入攻擊，俗稱 **SQL注入**。SQL的全稱是 Structured Query Language（結構化查詢語言），是一種用來查詢、操作資料庫中資料的語言。網頁應用程式在存取資料庫時便會用到SQL。

比如，假設你有一個網路銀行的帳戶，當你從裝置的App或瀏覽器登入這個帳戶時，雖然負責處理你的連接請求的是銀行伺服器上的應用程式，但大多情況下，伺服器上的應用程式還必須再連

到資料庫去。因為銀行的客戶資訊、帳戶資訊、密碼等資料,全都保存在資料庫中。

伺服器上的應用程式會使用SQL存取資料庫。具體來說,應用程式會依照你的請求內容產生一段SQL語句,對資料庫下達命令。這段指令的功能是命令資料庫「替我找出符合條件的資料」。此時,攻擊者可以趁隙植入其他指令,引導伺服器端對資料庫進行不在原始設計內的操作。

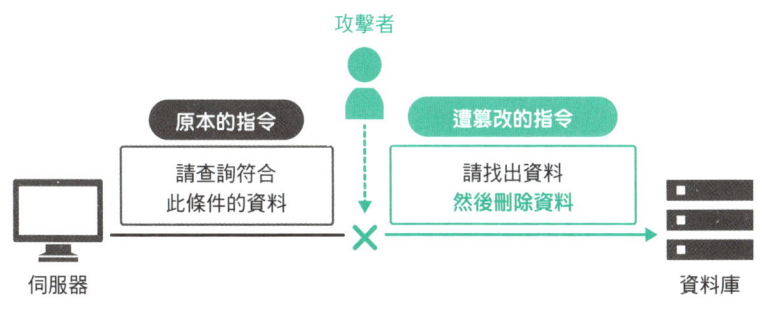

▲ 透過SQL注入攻擊篡改指令

比如在上圖的例子中,攻擊者用非法輸入的方式對資料庫下達了「刪除資料」的命令。換言之,**SQL注入的目的在於對資料進行干涉**。

除了SQL注入外,還有利用軟體對OS輸入惡意指令的**OS命令注入**。有時應用程式操作的對象不是資料庫,而是OS,此時使用的便不是SQL,而是專為OS設計的命令語言。OS命令注入同樣可以篡改和刪除資料,是一種很危險的攻擊。

注入攻擊　　　　　　　　　　　　　　　　　　　篡改SQL語句

55 注入攻擊的原理

本節將講解注入攻擊的具體步驟。假設有個網頁應用程式，它的功能是在輸入欄位輸入姓名後，找出所有同名同姓者的資

```
SELECT * FROM 表名 WHERE name = "山田"
```

- 取出所有資料項目
- 指定操作的範圍
- 從資料庫內的「資料表」結構中取出資料 → **指定行為**
- 用「表名」指定要在哪個資料表中尋找 → **指定對象**
- 找出「表名」中「name」欄位的項目跟「山田」完全一致的資料 → **指定條件**

▲ 網頁應用程式生成的SQL語句

142

料，顯示在瀏覽器上。當我們在輸入欄位輸入「山田」時，這個網頁應用程式便會如前頁的圖所示，生成一段SQL語句。

SELECT是**從資料庫中的資料表結構中取出資料**的意思，*符號則是**取出所有資料項目**之意，FROM表名是**在指定表名的資料表中尋找**，WHERE之後的部分則是**尋找的條件**。在這段句子中，「山田」的部分每次都會隨使用者想查詢的內容而改變，所以每次查詢，應用程式都會按照下面的方式組合字串來產生查詢語句。

```
SELECT * FROM 表名 WHERE name = " 山田 "
```
每次都不同
永遠相同

▲ 組合每次不同的部分跟其他部分來產生語句

此時，如果不是輸入「山田」，改成輸入「";DELETE 表名;--」這一行字，程式便會生成以下的SQL語句。

```
SELECT * FROM 表名 WHERE name = " " ;DELETE 表名;-- "
```
新加入的指令語句生效
刪除資料表的指令
因為""內是空白，故整句指令的意思變成「找出name是空欄的資料」，指令就結束了

▲ 透過注入篡改命令的例子

這段語句被分號（;）分成了兩段。第一段用於查詢資料，但因為指定的name值是""，所以意思就變成找出name欄中什麼都沒有填入的項目。而分號後面的第二段指令，則是將指定表名的資料表整個刪除的意思。換言之，這句指令會**破壞資料庫內的資訊**。

注入攻擊　　　綁定　PreparedStatement　參數

56 注入攻擊的對策

注入攻擊的原理,就是透過插入違反使用者意圖的語句,實現篡改或破壞資料、曝光機密資訊、非法登入、執行惡意命令等目的。而防範此類攻擊的最簡單方法,就是**固定語句的結構,使其無法被改寫成意圖外的命令**。在 �55 介紹的攻擊範例中,攻擊者是將自己寫的語句輸入程式,在原始的指令（查詢資料）後面加上惡意指令（刪除資料）,改變指令語句的結構。

但如果讓應用程式只能進行設計初衷的查詢操作,使程式只執行語句中的查詢部分,而不接受刪除或編輯資料的部分,就能防止注入攻擊。而這可以透過改變應用程式的結構來實現。

在某些程式語言環境中,可以將呼叫的SQL語句定義為固定格式的範本。這種固定格式的語句稱為**PreparedStatement**[30](預編譯語句)。只要使用PreparedStatement,除了事後輸入的可變值外(**參數**),語句的其他部分都可以固定不變。以下圖為例,綠底部分的「";DELETE 表名;--」就是參數。

```
SELECT * FROM 表名 WHERE name = "  ";DELETE 表名;--  "
```

參數(不被當成新的指令,而是普通的值來處理)

裡面的內容被視為一個完整固定的句子,無法加入新的語句

▲ 用PreparedStatement固定文意

參數永遠只被視為一個「值」,在此例中無法發揮「指定name」以外的效果。即使想偷偷利用「";」等符號植入新的指令,也只會被當成參數處理,不會被視為新的指令。這個機制稱為**參數綁定**。

只要開發者使用這些機制來寫程式,做出來的程式就不會受到SQL注入影響而受害。但是,使用者很難知道自己用的App有沒有運用這些機制,**因此很遺憾地,用戶方沒有任何有效的對策可以防範注入攻擊**。所以開發方有責任小心留意,避免使用者的權益遭到侵害。

※30　又叫**Placeholder**或**Bind Variable**。

緩衝區溢位攻擊

記憶體　記憶體位址　緩衝區

57 記憶體的運作原理

點開JVN[※31]等網站公開的漏洞資訊，會發現裡面經常出現「本攻擊可能使第三者在系統上執行任意程式」這句話。第三者可以在我們的手機或電腦上執行任意程式，基本上就等於完全操控了我們的電腦和手機。

本節要介紹的**緩衝區溢位攻擊**屬於**記憶體攻擊**的一種，其原理是控制受害者電腦的記憶體，執行攻擊者植入的程式碼，使攻擊者可以在系統上執行任何想執行的程式。讓我們先說明一下什麼是記憶體。

※31　一個漏洞資料庫。參照⑭。

所謂的**記憶體**（Memory），就是電腦中負責存放資料的零件。記憶體的內部細分成很多小區，每個小區都會被分配一個**位址**（Address）。在現代，幾乎我們使用的所有電腦都會把各種資料和程式一起存放在記憶體空間內。

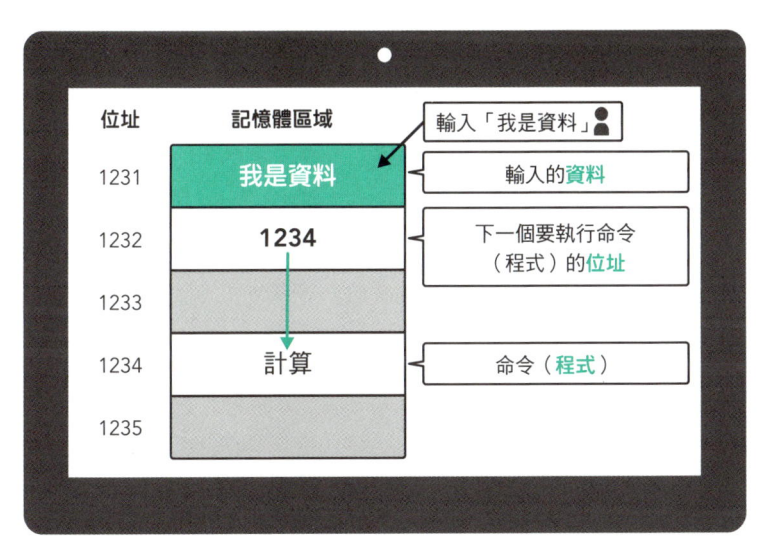

位址	記憶體區域	
		輸入「我是資料」👤
1231	我是資料	輸入的資料
1232	1234	下一個要執行命令（程式）的位址
1233		
1234	計算	命令（程式）
1235		

▲ 資料和程式共同存放在記憶體上

當程式和處理中的資料存放到記憶體上時，隔壁的記憶體空間會預先寫入下一條要執行的命令，或是程式下一步動作的所在位址。比如上圖的位址1231（綠色部分），就是程式在執行時暫時存放資料的區域（**緩衝區**）。而下一個位址1232中，則寫入了接下來要執行之命令的位址。電腦在看到1232位址上的值後，便知道接下來該去執行哪個位址上的命令。現代電腦便是按照上述的邏輯次序來執行程式。

| 緩衝區溢位攻擊 | | 緩衝區 | 非法輸入 |

58 緩衝區溢位①
異常中止

用於接收輸入值的記憶體區域，稱為**緩衝區**（Buffer）。緩衝區的大小是根據編寫程式時允許輸入的最大字元數來決定的。例如，如果設定為最多可以輸入8個字元，系統就會分配一個足以容納8個字元的緩衝區給這個程式運作。

在次頁的圖例中，用深灰色代表的緩衝區部分可以容納4個文字的資料。此時若輸入8個文字的資料就會超過了緩衝區的大小，因此系統會把多出來的4個文字放到下一塊區域中。

原本，綠色的部分應該用來存放下一條要執行命令的記憶體位址，但因為資料大小超過了緩衝區大小，導致綠色區塊被拿來存放溢出的文字，指向了不存在的位址。

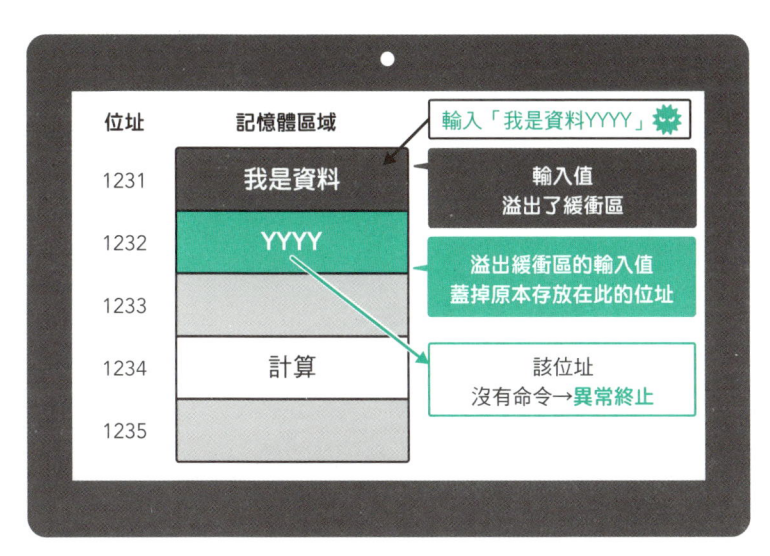

位址	記憶體區域	
1231	我是資料	輸入「我是資料YYYY」 輸入值溢出了緩衝區
1232	YYYY	溢出緩衝區的輸入值蓋掉原本存放在此的位址
1233		
1234	計算	該位址沒有命令→異常終止
1235		

▲ 因緩衝區溢位導致異常終止

電腦程式都是按順序執行的。所以，若本該用於存放下一條命令所在位址的地方，被拿來存放不存在的記憶體位址或沒有任何命令的位址，程式便會因為無法執行而停止。

換句話說，只要故意讓資料溢出緩衝區，就可以使程式異常終止。而這種故意使資料溢出緩衝區的行為，就叫做**緩衝區溢位攻擊**（Buffer Overflow）。

緩衝區溢位攻擊　　　　　　　　　篡改　DDoS攻擊　殭屍

59 緩衝區溢位② 改寫位址

若是在利用緩衝區溢位導致異常終止的原理上多下點工夫，攻擊者甚至可以在電腦上執行任意程式。

首先，攻擊者會製作一段超出緩衝區大小的資料，覆蓋掉位址1232。此時，攻擊者會把自己想執行之程式的記憶體位址資訊放在溢出緩衝區的部分。同時，攻擊者還會把自己想執行的程式也作為「輸入資料」一併放進去。

接著只要輸入這段資料，下一條要執行的命令位址就會變成攻擊者欲執行之程式的記憶體位址，使系統自動執行攻擊者植入的程式。

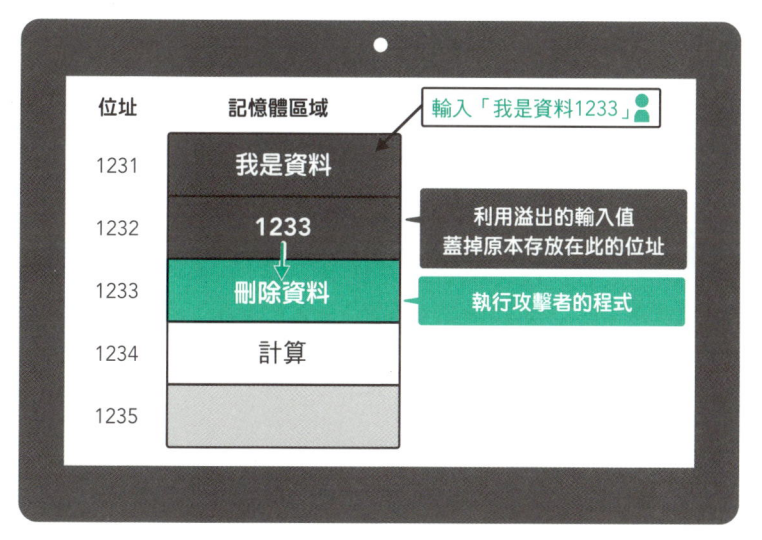

位址	記憶體區域	
1231	我是資料	輸入「我是資料1233」
1232	1233	利用溢出的輸入值蓋掉原本存放在此的位址
1233	刪除資料	執行攻擊者的程式
1234	計算	
1235		

▲ 利用記憶體溢位執行任意程式

　　由此可見，只要利用記憶體溢位，攻擊者便可以執行任何想執行的程式。在2000年發生的日本政府網站篡改事件中，攻擊者便是利用記憶體溢位奪取了網站的管理權限，**篡改了科學技術廳和總務省為首的多個政府網站**。除此之外，全球也傳出多起利用記憶體溢位植入惡意軟體，**將受害者的電腦變成殭屍發動DDoS攻擊**的報告。

　　記憶體溢位的發生原因，在於系統存在「不會檢查輸入資料是否超出緩衝區大小」的漏洞。那麼，我們到底該如何防堵此漏洞呢？下一節我們將進一步說明。

記憶體溢位攻擊　　　寫程式時的注意點　函式庫

60 緩衝區溢位的對策

本節將為軟體開發者介紹幾種可防止緩衝區溢位的方法。每一條都是開發者在設計系統和寫程式時應該落實的要點。

- 在輸入時檢查緩衝區大小
- 在輸入資料溢出緩衝區時報錯
- 用於存放輸入資料的記憶體區域不可執行程式
- 在程式內部使用的位址應避免使用固定位址，而應使用隨機位址，防止攻擊者可以自由設定位址

不同語言或函式發生記憶體溢位的風險各不相同。比如C和C++等程式語言的某些特定函式存在記憶體溢位的疑慮，相反地Java等語言對於記憶體溢位的抗性相對更強。

話雖如此，這並不代表C或C++是很危險的語言。相反地，這兩種語言都非常多人使用，也存在很多獨有的優點。因此，要求人們不使用C或C++寫程式，是一個不現實的解決方案，應該優先考慮上面提到的對策，比如**在程式中確實做好緩衝區大小檢查**，或是**使用可自動進行檢查的函式庫**[※32]。還有，引進 52 介紹的WAF也是一種方法。

不過，緩衝區溢位攻擊存在很多變化。本回介紹的只是當中原理最簡單的一種，目前仍沒有辦法完全防禦變化多端的緩衝區溢位攻擊。

一般電腦使用者能做的對策，依然只有**確保OS或應用程式處於最新版本**，以及**安裝防毒軟體**。另外，平時多留意JVN等網站公布的**應用程式漏洞資訊**也很有用。

※32 用以執行特定功能的程式集。函式庫有很多種類，包含執行特定計算的函式庫、繪圖函式庫、音效函式庫等等。

結語

筆者在「前言」說過,本書的最終目的是**讓一般使用者能夠掌握足夠的知識**。相信一路讀到這裡,你應該已經具備了充分的相關知識。接下來,請將你在本書所學的知識應用到日常生活中。比如在密碼管理方面,就存在很多明知不該做卻改不掉的陋習。如果本書能成為你改變的契機,讓你決定從小地方開始進行改善,將是筆者最大的喜悅。

最後,以下整理出本書介紹過的所有一般使用者可執行的網路安全對策。

▼ 一般使用者可落實的網路安全對策

對象	具體內容	相關項目
電子設備	避免在眾目睽睽的場所閱讀或輸入重要資訊	肩窺(參照 ⑨)
	避免遺落重要文件和電子設備	垃圾搜尋(參照 ⑨)
	確保OS與瀏覽器處於最新版本	漏洞、漏洞利用(參照 ⑬ ⑭)
	報廢電子設備時完全抹除裡面的資料,或進行物理性破壞	垃圾搜尋(參照 ⑨)
密碼	不要寫在紙上	垃圾搜尋(參照 ⑨)
	不要使用好猜的單字	暴力破解、字典攻擊(參照 ㊽ ㊾)
	不要重複使用	撞庫攻擊(參照 ㊿)
電子郵件	不要隨便打開附加檔案,打開前先檢查寄件者	惡意軟體(參照 ③ ⑪)
	沒有需要時關閉軟體的巨集功能	惡意軟體(參照 ③ ⑪)
瀏覽網頁	不要在網址開頭是「http」而非「https」的網站輸入重要資訊	協定、加密(參照 ⑮ ㉖)

其他	在設備上安裝防毒軟體	漏洞、漏洞利用 （參照 ⑬ ⑭）
	即使對方自稱是警察或IT部門的人，也不要輕易說出帳號和密碼	釣魚（參照 ② ⑩）

　　接著，再幫大家統整出本書介紹的各種網路攻擊。其中被歸類為「針對漏洞的攻擊」者，又可分為非法存取、假冒、資訊篡改等等，對應不同的漏洞，可能造成各種各樣的損害。

▼ 本書介紹過的網路攻擊

攻擊名稱	攻擊種類	相關項目
釣魚	詐欺、假冒	參照 ② ⑩
惡意軟體感染	擴大感染、假冒、跳板攻擊	參照 ⑪ ㊿
通訊埠掃描	非法存取	參照 ㊹
暴力破解	非法存取、假冒	參照 ㊽
字典攻擊	非法存取、假冒	參照 ㊾
撞庫攻擊	非法存取、假冒	參照 ㊿
DoS攻擊	阻斷服務	參照 ⑥ ㊿
DDoS攻擊	阻斷服務	參照 ㊿ ㊿
零日攻擊	針對漏洞的攻擊	參照 ⑭
SQL注入	針對漏洞的攻擊	參照 ㊿
OS命令注入	針對漏洞的攻擊	參照 ㊿
XSS	針對漏洞的攻擊	參照 ㊿
緩衝區溢位	針對漏洞的攻擊	參照 ㊿ ㊿

網路安全的基本觀念與技術也幫大家整理在這邊。

▼ 本書介紹過的網路安全觀念與技術

要素	手法、概念	相關項目
確保機密性、完整性	驗證	參照 22 23
	授權（存取控制）	參照 24 25
	加密	參照 26 36 37
確保完整性	電子簽章	參照 20 37
確保可用性	伺服器強化	參照 21
	防火牆、IDS/IPS、WAF	參照 28 52
	防毒軟體	參照 8 專欄 3
消除漏洞	安全性更新	參照 13
	安全測試	參照 42
	漏洞資料庫	參照 14
安全設計	最小權限原則	參照 25 31 41
	多層防禦、多重防禦	參照 32
	威脅分析	參照 33

而若想學習更進階的知識，則可定期瀏覽IT專門的新聞網站或漏洞資料庫。網路攻擊也有流行趨勢，所以瀏覽這類網站有助於研擬對策。假如覺得太難看不懂，則可借閱或購買更進階的教學書籍來看。以下介紹幾本筆者<u>推薦的書單</u>。

在民間企業從事資安工作的人士（需要廣泛的基本知識）
- <u>《図解即戦力 情報セキュリティの技術と対策がこれ1冊でしっかりわかる教科書》</u>（暫譯：圖解即戰力：一本書完整了解資訊安全的技術與對策）中村行宏 等人合著，技術評論社，2021年

這本書廣泛整理了工作中必備的基本知識，並以全彩印刷呈現，閱讀起來輕鬆易懂，非常適合作為入門的第一本書。如果是讀完本作的讀者，應該可以輕鬆讀完這本書。

- **《マスタリングTCP/IP 情報セキュリティ編（第2版）》**（暫譯：精通TCP/IP：資訊安全篇（第2版））齋藤孝道 著，オーム社，2022年

如果你需要更專業的知識，那就推薦閱讀本書。雖然內容較厚，但可以全面掌握資訊安全領域所需的知識。此書的姊妹作《精通TCP/IP：入門篇》是一本關於網路基礎的入門書，建議先閱讀該書後再進一步學習本書。

可以等讀懂了綜合性的入門書後，再根據實際工作的需求以及未來的職涯規劃，選擇想讀的書。

從事軟體開發的人士（需要各種防禦策略的知識）

- **《軟體工程：實務專家作法（第9版）》**

    Roger S. Pressman、Bruce Maxim著，2019年

本書是深入了解軟體工程全領域知識的最佳選擇，詳述了軟體開發中的各個流程，以及每個流程中所需的要素，非常適合用來深化對軟體工程學的理解。

- **《A Practitioner's Guide to Software Test Design》**

    Lee Copeland 著，Artech House，2003年

本書介紹了各種測試方法，包括等價類劃分、邊界值分析等，能夠學習到具體且實用的測試技法。

從事Web開發的人士（需要Web相關的安全知識）

- 《体系的に学ぶ 安全なWebアプリケーションの作り方 脆弱性が生まれる原理と対策の実践》（暫譯：系統化學習：安全的Web應用程式開發方法──漏洞產生的原理與對策實踐）

    德丸浩 著，SB Creative，2018年

    這是一本專門講解Web安全的書籍，整理了開發人員所需的核心知識。此外，本書還提供可下載的實習用虛擬機器，讀者可以親自動手實作，進一步加深學習效果。

管理職人士（需要基本知識與最新動向）

- 《CISOハンドブック 業務執行のための情報セキュリティ実践ガイド》（暫譯：CISO手冊 業務執行的資訊安全實踐指南）

    高橋正和 等人合著，技術評論社，2021年

    本書系統性地整理了資訊安全高級管理職CISO所需的知識與思維方式。內容涵蓋從企業內部運營的角度出發的實務描述，特別適合身處管理職位的人士參考與學習。

- 《情報セキュリティ10大脅威》（暫譯：資訊安全十大威脅）

    IPA（情報處理推進機構）

    這是IPA每年發布的一份文獻，以排名方式列出對個人與組織最具威脅的十大事項。由於威脅與安全趨勢不斷變化，身處管理職位的人士應密切關注這些動向，及時掌握最新資訊以便制定對策。

- 《情報セキュリティ白書》（暫譯：資訊安全白皮書）

    IPA（資訊處理推進機構）

這是由IPA每年發布的文獻，不僅涵蓋威脅的內容，還詳細整理了資訊安全的各方面最新趨勢與動向。

希望更深入了解本作介紹的各項技術者

- **《圖解密碼學與比特幣原理（第3版）》** 結城浩 著，碁峰，2016年

  這是一本**密碼學**的入門書。雖然處理加密需要具備一定的數學知識，但本書並不深入探討複雜的數學內容，因此非常適合作為首次了解密碼學領域的入門讀物，用來概覽整個領域的基礎知識。

- **《The Art of Deception: Controlling the Human Element of Security》** Kevin David Mitnick 等人合著，Wiley，2003年

  本書由曾經從事各種**社交工程**的作者撰寫，他如今是一名白帽駭客，書中介紹了駭客的具體手法。作為一本閱讀材料，本書內容不僅實用，還非常有趣，適合對相關主題感興趣的讀者。

- **《Hacking: The Art of Exploitation（第2版）》**

  Jon Erickson 著，No Starch Press，2008年

  本書對C語言和記憶體的運作原理進行了詳細講解，是完全理解**Chapter 5**中提到的**緩衝區溢位攻擊**的必備讀物。透過本書，讀者可以深入學習漏洞攻擊的基礎理論與實際操作方法。

- **《Designing Secure Software: A Guide for Developers》**

  Loren Kohnfelder 著，No Starch Press，2023年

  本書由開發了Microsoft威脅分析方法「威脅模型分析」的作者撰寫，詳細介紹了該分析方法以及基於此方法的安全設計與

開發技術。作為目前有日譯版的**威脅分析**相關書籍，本書是極佳的選擇，非常適合希望學習安全設計與開發的讀者。

- **《入門セキュリティコンテスト CTFを解きながら学ぶ実戦技術》**（暫譯：入門安全競賽 CTF：實戰技術學習）

    中島明日香 著，技術評論社，2022年

    本書介紹了**安全競賽**——CTF（Capture The Flag）的入門知識。通過實例提供簡單易懂的解說，對於剛開始接觸CTF的讀者是一本很好的指南。

- **《個人情報保護法（第4版）》**（暫譯：個人資訊保護法（第4版））

    岡村久道 著，商事法務，2022年

    本書包含了令和2年及令和3年的**個資保護法修正案**內容，詳細解釋了日本的個人資訊保護法。

- **《Mastering Machine Learning for Penetration Testing》**

    Chiheb Chebbi 著，Packt Publishing，2018年

    本書具體解說了近年急速普及的**機器學習**如何應用於安全領域。同時還介紹了機器學習面臨的安全威脅和對策，非常值得推薦。

　　網路安全是一個廣泛且發展迅速的領域，因此自學時特別容易讓人感到挫折。然而，這也是一個非常有趣的領域，希望這份書單能對於那些讀完本書後產生興趣的讀者有所幫助。

INDEX

英文

C&C伺服器	133
CDN	135
CRYPTREC加密法清單	97
CSIRT	75
CTF	31
DDoS攻擊	13, 131
DES加密	97
DoS攻擊	13, 130
Emotet	28
F5攻擊	13, 130
IANA	112
IDS	75
IEC	47
IoT	3
IPA	37
IPS	75
IP位址	39
IP協定	39
ISMS	77
ISMS認證	77
ISMS適合性評價制度	77
ISO	47
ISO/IEC 27000系列	50
ISO/IEC 27001	47
JPCERT/CC	37
JVN	37
Linux	66
Mirai	132
OS	29
OS命令注入	141
PreparedStatement	145
RSA加密	92
SELinux	66, 103
SOC	75
SQL	140
SQL注入	140
SSH	111
TCP/IP協定	38
TCP協定	40
Telnet	111
TLS	69
TPM	99
WAF	135
WannaCry	6
XSS	138

1～5劃

詞彙	頁碼
上游工程	85
下游工程	85
不可否認性	51
公共IP位址	40
反向暴力破解	124
心理性手段	23
日誌	70
木馬軟體	27
加密	69, 91
加密金鑰	94
古典加密法	91
可用性	56
可靠性	51
可歸責性	51
史翠珊效應	43
巨集	7
生物驗證	61
白名單	116
白帽駭客	31
白箱測試	105

6～10劃

詞彙	頁碼
回應	39
多重防禦	83
多層防禦	82
字典攻擊（列表型攻擊）	126
安全OS	102
安全加密碟	23
安全事件	86
安全性更新	33
安全啟動	101
安全測試	104
自由選定存取控制	66
行為偵測	114
伺服器	12
伺服器當機	131
位址	147
作弊程式	88
完整性	54
攻擊者	4
私有IP位址	40
私鑰	95
防火牆	74
防毒軟體	19
防篡改性	99
垃圾搜尋	21
兩階段驗證	61
函式庫	153
協定	39
命令提示字元	112
怪客	31
明文	92
注入攻擊	136
物理性手段	21
知識驗證	60

社交工程 20	授權（存取控制） 63
肩窺 23	現代加密 91, 92
金鑰 92	異常檢測 117
非法存取禁止法 78	規格 32
非對稱加密 95	軟體 99
信任根 101	通訊埠 110
信任鏈 101	通訊埠掃描 110
威脅 85	釣魚 5, 24
威脅分析 84	勒索軟體 6
持有物驗證 61	單元測試 106
計算上的安全 96	惡意軟體 26
風險評估 77, 86	替換式加密 91
破解 31	最小權限原則 66, 80
臭蟲 33	硬體 99
記憶體 147	郵件轟炸 13
記憶體攻擊 146	間諜軟體 27
逆向工程 88	黑名單 116
針對性攻擊 25	黑箱測試 105
	暗網 25

11～15劃

假冒 24	置換式加密 90
參數 145	腳本 138
參數綁定 145	解密 69, 92
國際標準 47	解密金鑰 94
基於角色的存取控制 67	資料庫 49
基於使用者的驗證 65	資訊 48
密文 93	資訊安全 47
強制存取控制 66	資訊安全的CIA 51
	資產 85

163

跳板攻擊	132
過時	97
零日	37
零日攻擊	36
電子簽章	55
電腦病毒	26
電腦蠕蟲	26
對稱加密	94
滲透測試	109
漏洞	9, 32
漏洞利用	36
漏洞資料庫	37
監控	70
網路安全	49
網路安全基本法	78
網路攻擊	4
網路空間	48
網路駭入	4
撞庫攻擊	129
暴力破解（蠻力攻擊）	122

模式匹配	114
模組	106
模糊測試	108
編譯	87
緩衝區	147
緩衝區溢位攻擊	146, 149
請求	39

16～23劃

機密性	52
機器語言	87
機器學習	114
輸入	105
輸出	105
駭入	30
殭屍（跳板）	132
雜湊函式	95
雜湊值	95
鑑別性	51
驗證	58

〈作者簡歷〉

大久保隆夫

資訊安全大學院大學資訊安全研究科主任兼教授。
曾於富士通研究所從事逆向工程、分散式開發環境與應用程式安全性的研究。之後在資訊安全大學院大學取得資訊學博士學位。現在擔任該校教授,專注於系統安全的研究。
著有《圖解 全方位掌握安全性的基本知識(イラスト図解式 この一冊で全部わかるセキュリティの基本)》(合著,SB Creative,2017年)。

超圖解網路安全入門
從基本觀念、網路攻擊手法到資安防護,一本全掌握!

2025年4月1日初版第一刷發行

日文版工作人員	
插圖	加納 德博
內文設計	上坊 菜々子

作　　者	大久保隆夫
譯　　者	陳識中
主　　編	陳正芳
特約編輯	邱千容
美術編輯	許麗文
發 行 人	若森稔雄
發 行 所	台灣東販股份有限公司
	＜地址＞台北市南京東路4段130號2F-1
	＜電話＞(02) 2577-8878
	＜傳真＞(02) 2577-8896
	＜網址＞https://www.tohan.com.tw
郵撥帳號	1405049-4
法律顧問	蕭雄淋律師
總 經 銷	聯合發行股份有限公司
	＜電話＞(02) 2917-8022

禁止翻印轉載,侵害必究。
本書如有缺頁或裝訂錯誤,請寄回更換(海外地區除外)。
Printed in Taiwan.

國家圖書館出版品預行編目資料

超圖解網路安全入門:從基本觀念、網路攻擊手法到資安防護,一本全掌握!/大久保隆夫著;陳識中譯. -- 初版. -- 臺北市:臺灣東販股份有限公司, 2025.04
176面;14.7×21公分
ISBN 978-626-379-835-9 (平裝)

1.CST: 資訊安全 2.CST: 網路安全

312.76　　　　　　　　　114002134

Original Japanese Language edition
"CYBER SECURITY MAJIWAKARAN"
TO OMOTTATOKINI YOMUHON
by Takao Okubo
Copyright © Takao Okubo 2023
Published by Ohmsha, Ltd.
Traditional Chinese translation rights by arrangement with Ohmsha, Ltd.
through Japan UNI Agency, Inc., Tokyo